まえがき

　建設工事請負契約の締結、履行はいうまでもなく、工事事故の処理等に至るまで、建設業法、民法、会社法等の様々な法律についての法律的判断や手続きを経て、建設工事は実施されております。

　これまで、裁判所からは、これらの法律を適用した質量ともに膨大な判例が出され、判例法理が形成されているにもかかわらず、建設業関係では判例等が整理されたものが必ずしも容易に入手できない状況であり、これらの情報の提供に関する御要望がありました。

　これに応えるため、これまで公益財団法人建設業適正取引推進機構では、当機構の機関誌「CITIO」で最新判例を中心に巷間に紹介するとともに、「建設業判例30選」及び「建設業の紛争と判例・仲裁判断事例」を発刊してまいりましたが、これらの発刊後数年間が経過し建設業に関する最高裁を始めとした業務にも参考になると考えられる判例等も蓄積されましたので、今回これ等の判例を、従来の「建設業判例30選」に掲載したものと差替えて「建設業判例30選（改訂版）」を発行することといたしました。これまでと同様に、本事例集を十分に活用していただき、建設業をめぐる紛争の未然防止、紛争になった場合の解決のための参考資料としてはもとより、建設業の適正な取引関係の促進のためにも役立てていただきますことを願っております。

公益財団法人　建設業適正取引推進機構
理事長　大　石　雅　裕

建設業判例30選　目次

A．契約締結前の紛争

A－1　マンション建設契約締結不成就の場合の損害賠償請求事件 …………………………2
A－2　市議会が否決した請負契約に関する損害賠償請求事件 …………………………………5
A－3　ゴルフ場開発行為許可申請及び設計業務委託契約に関する報酬請求事件 …………8
A－4　都市計画道路の計画がある土地での建築確認申請に関する損害賠償請求控訴事件……………………………………………………………………………………………………11
A－5　大学研究所建物建築の準備作業を始めた下請予定業者からの損害賠償請求事件……………………………………………………………………………………………………14

B．建設工事請負契約

B－1　譲渡禁止特約に反して行われた工事代金債権譲渡について争われた供託金還付請求権帰属確認請求本訴、同反訴事件…………………………………………………18
B－2　熱電供給システムの製造及び設置に係る工事請負代金請求事件……………………21
B－3　いわゆる入金リンク条項が付けられた建設工事請負契約に係る請負代金請求事件……………………………………………………………………………………………………24
B－4　建築基準法等の規定に適合しない建物に関する請負代金請求本訴、損害賠償請求反訴事件………………………………………………………………………………………27
B－5　建設会社役員等の第三者に対する損害賠償請求事件……………………………………30

C．工事の中断・工事契約の解除

C－1　県道改良下請工事中断の場合の下請工事代金請求控訴事件……………………………36
C－2　注文者の責めにより完成不能になった冷暖房工事の請負代金請求事件……………38
C－3　自動車学校用地整地工事中断に関する土地所有権移転登記抹消登記手続請求事件……………………………………………………………………………………………………41
C－4　住宅団地の建築協定に関する適切な説明義務を怠った請負契約の解除に伴う損害賠償請求事件………………………………………………………………………………44

D．所有権の帰属

D－1　下請負人が建築した建物に関する下請工事代金請求控訴事件…………………………48
D－2　注文者から下請会社に対する建物明渡等請求事件………………………………………51

E．瑕疵

- E-1　完成後の瑕疵か又は未完成の建物かに関する請負代金請求事件……………………56
- E-2　車庫に瑕疵がある住宅に関する建築請負契約の損害賠償請求事件……………………59
- E-3　建築中の建物についての契約解除・土地明渡等請求控訴事件……………………62
- E-4　重大な瑕疵がある建物の建替えに関する費用相当額の損害賠償請求事件…………65
- E-5　契約における約定に反した資材を使用した建物新築工事に関する請負代金請求事件……………………………………………………………………………68
- E-6　建物の瑕疵修補に代わる損害賠償等請求本訴、請負残代金の支払請求反訴事件……………………………………………………………………………71
- E-7　建物の瑕疵についての不法行為に基づく損害賠償請求事件……………………75

F．建設共同企業体（JV）

- F-1　公営住宅の建設工事請負契約に関する建設共同企業体の構成員に対する売掛代金請求事件……………………………………………………………………82
- F-2　物流センター工事建設共同企業体に関する下請業者からの請負工事代金請求事件……………………………………………………………………………85

G．談合

- G-1　官製談合に係る建設共同企業体構成員の損失分担金請求事件…………………90

H．工事事故

- H-1　孫請負人従業員の過失による事故についての元請負人に対する損害賠償請求事件……………………………………………………………………………94
- H-2　下請負人従業員が受けた負傷事故についての下請負人及び元請負人に対する損害賠償請求事件………………………………………………………………97
- H-3　労働者災害補償保険給付不支給処分取消請求事件 …………………………100
- H-4　塔屋上の煙突からの転落死事件に係る損害賠償請求事件 ……………………104

参考資料編

- ●民法（明治29年4月27日法律第89号）……………………………………………112
- ●会社法（平成17年7月26日法律第86号）…………………………………………118
- ●商法（明治32年3月9日法律第48号）………………………………………………118
- ●民事訴訟法（平成8年6月26日法律第109号）……………………………………119

- ●労働基準法（昭和22年4月7日法律第49号） ……………………………………………120
- ●労働者災害補償保険法（昭和22年4月7日法律第50号） ………………………………120
- ●職業安定法施行規則（昭和22年12月29日労働省令第12号） …………………………120
- ●労働者派遣事業と請負により行われる事業との区分に関する基準を定める告示（昭和61年4月17日労働省告示第37号） …………………………………………………………121
- ●地方自治法（昭和22年4月17日法律第67号） ……………………………………………123
- ●民法の一部を改正する法律案（平成27年3月31日第189国会提出） …………………124
- ●建設業判例30選索引（項目順） ……………………………………………………………127
- ●建設業判例30選索引（年月順） ……………………………………………………………128
- ●建設業判例30選索引（元下関係） …………………………………………………………129

A．契約締結前の紛争

A．契約締結前の紛争

A-1 マンション建設契約締結不成就の場合の損害賠償請求事件

1 事件内容

請負契約締結の準備段階における支店営業部長らの過失を認めて建設会社の使用者責任が肯定された事例

2 原告、被告等

原告	X（発注予定者）
被告	Y建設(株)
裁判所	東京地裁 昭和56(ワ)12239号
判決年月日	昭61.4.25 民31部判決 一部認容（控訴和解）
関係条文	民法709、715条

3 判決主文

被告は、原告に対し、金150万円及び年5分の割合による金員を支払え。
原告のその余の請求を棄却する。

4 事案概要

原告Xは、その所有土地に、丸投げ方式で賃貸駐車場及び分譲マンションの建設を計画した。Xは、被告Y建設の横浜支店営業部長Nに相談を持ちかけ、Y建設が元請となり、A建築士の設計管理、地元業者による一括下請ということでマンションの建築を進める旨了解に達した。A建築士は見積書を提出し、N部長の指示で、旧建物を取り壊した。

関係者が、Y建設の横浜支店に集まり、請負契約を締結すること、下請業者としてはK組を使うこと、起工式は4月7日とすることなどを確認した。起工式は予定通り行われ、N部長は、元請業者として出席した。

N部長らがY建設の本社に報告したところ、Xの代金の支払い条件（建物完成後6箇月先

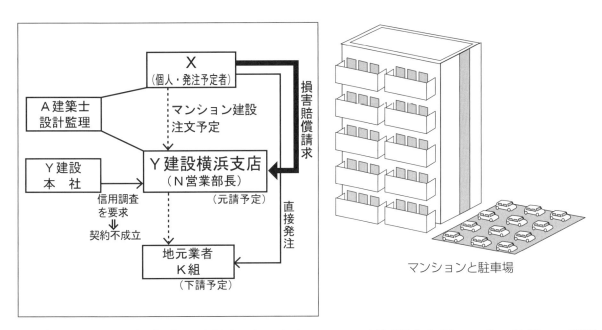

マンションと駐車場

を支払期日とする約束手形）が異例であったため、Xの信用調査を行い、その結果、Y建設はXに対し代金を確保する担保を要求した。Xは、その妻の母Fの所有地を担保として提供した。

その後話が進展せず、Xは、下請の予定であったK組に、一部計画を変更の上、発注し、マンションを建設した。

Xは、N部長らはY建設が契約を締結するかどうか確実でないのに確実であるかのような態度に終始し、Xに損害を与えたとして、損害賠償請求を行った。

5 裁判所の判断

株式会社などの組織体においては、決裁という方式により意思決定を行うことが通例であり、また、Y建設のような大企業においては、契約を締結するに当たり、契約金額が少額とはいえない場合、書面（契約書）なくしてこれを行うことは通常あり得ない。本件工事については、原告XとN部長とは合意したものの、最終的には決裁を得られず、請負代金額からすれば当然作成されていてしかるべき契約書の作成がなく、Y建設としては合意しなかったという外ない。請負契約は成立していたとは認めがたい。

担当者であるN部長らは、事前に上司に相談するなどして、問題点を検討し、それを原告Xらに十分説明し、もし契約成立の見込みがないのであれば、早期に交渉を打ち切るなどして、原告Xらに無用の期待、誤解を抱かせ、不測の損害を与えないようにする注意義務があった。然るに、N部長らは判断を誤って、交渉を進め、原告Xらに契約ができるものとの誤った確信を抱かせた。このように誤信させたことにも過失があり、損害を賠償する責任がある。N部長らは、Y建設の業務担当者としてその職務執行中に原告をして誤信させたのであるから、Y建設も使用者として民法715条に基づき原告の損害を賠償する責任がある。

6 判決の意義

　本判決は、建物建築請負契約締結の拒否の原因が準備段階における被用者の過失にあるとして使用者に賠償責任を認めた事例である。

A-2 市議会が否決した請負契約に関する損害賠償請求事件

1 事件内容

市長が複合施設建設工事請負の仮契約を締結したが、市議会が本契約の締結を否決したため契約しなかったことにつき、違法ではないとして市の不法行為が否定された事例

2 原告、被告等

原告	X工業(株)(落札者)
被告	Y市(発注者)
裁判所	静岡地裁沼津支部 昭59(ワ)334号
判決年月日	平4.3.25 民事部判決 棄却(控訴)
関係条文	民法127条1項、556条、709条、地方自治法96条1項5号

3 判決主文

原告の請求を棄却する。

4 事案概要

被告Y市は、保健センターと青少年教育センターの複合施設の建設を計画し、昭和59年6月8日の入札結果に基づき、同月11日、S・S建設工事共同企業体とY市長との間で、本件複合工事建築主体工事に関する仮契約を締結した。原告X工業は、S建設とともに、S・S建設工事共同企業体を結成していた。

市議会の文教消防委員会は、X工業が工事施工能力の点で不適格であるという理由で、契約承認を否とする審査結果を出した。この審査結果を受けて、市議会は、8月6日請負契約承認の議案を否決した。市長は、8月9日本契約の締結をしない旨をS・S建設工事共同企業体に通知した。

市議会が、X工業の工事施工能力不適格の理由により否決したことにより、会社の信用、

A. 契約締結前の紛争

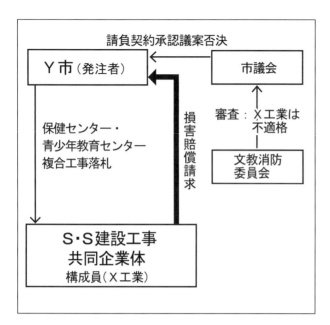

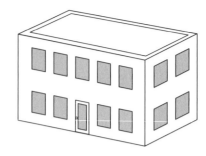

保健センター・青少年教育センター

名誉を著しく失墜した、市議会は、審査権限を逸脱した違法があるなどとして、X工業は損害賠償を請求した。

5 裁判所の判断

本件仮契約は、市議会の議決を停止条件とする工事請負契約の予約である。したがって、原告は、市議会の議決が得られれば本件工事請負契約の本契約を締結できるという仮契約上の利益を有しており、市議会の違法な契約否決等により侵害され、且つ職員又は市長に故意又は過失がある場合には、Y市は不法行為に基づく損害賠償責任を負うことになる。

本件において、市議会は、請負業者として適格性、特に必要な技術力を備えているかどうかを審査しているところ、議会は、原告が主張する長の予算執行行為を議会が違法、不当な支出を抑制するとの立場のみからだけではなく、自由に審査を行いうるものであり、市議会が審査権限を逸脱した違法はない。

また、市議会が裁量の範囲を越えたとか裁量権を乱用したことを基礎づけるに足る事情を認めることはできず、裁量権を越えたとか濫用の違法はない。市長のとった措置にも違法はない。

よって、Y市の原告に対する不法行為は認められない。

6 判決の意義

　地方自治法上、契約を締結するため議会の議決が必要とされるもの（同法96条参考）があり、このような場合の議会の議決を欠いた契約の効力は、一般的には無効とされる。

　本件では、競争入札の落札者と自治体との間の法律関係が問題となっているが、この問題に関しては、国の契約締結に関する事案ではあるが、落札決定の段階では予約が成立するにとどまり、本契約は契約書の作成により始めて成立するとした判例（最高裁判所昭和35年5月24日判決）がある。

A. 契約締結前の紛争

A-3 ゴルフ場開発行為許可申請及び設計業務委託契約に関する報酬請求事件

1 事件内容

ゴルフ場の開発行為許可申請及び設計業務を委託する契約が、準委任契約と請負契約の集合体であるとされ、準委任契約に関する事務処理費用について労務割合に応じた報酬請求が認められた事例

2 原告、被告等

原告	Xカントリー(株)(発注者)
被告	Y組(請負人)
裁判所	東京地裁 平4年(ワ)6077号
判決年月日	平6.11.18 民6部判決 一部認容一部棄却(控訴和解)
関係条文	民法656条、632条

3 判決主文

被告は原告に対し、金1,624万円及び年6分の割合による金員を支払え。

4 事案概要

ゴルフ場の運営等を目的として設立された原告Xカントリーが、設計許認可業務委託契約に基づき被告Y組に報酬金の一部(3,000万円)を前払したが、当該契約におけるゴルフ場の開発については、行政上の規制、残置森林指導等によりY組の債務の履行は原始的に不能であったので契約は無効であるとし、Xカントリーは、Y組に対し、不当利得返還請求権に基づき前払金の返還を求めた。

Y組は、Xカントリーが本件契約で委託した業務は「事務作業」であり、事務作業は当該作業を終了すれば、債務の本旨に従った履行をしたことになるから、その性質上原始的不能とはならない、また、既に履行した業務については報酬を請求しうること、ゴルフ場の開発

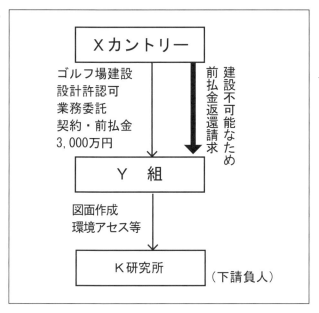
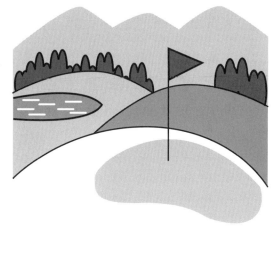

計画が挫折したのはXが必要な開発同意を取付けできなかったこと、及び用地取得ができなかったことに原因がある等と主張した。

5 裁判所の判断

18ホールのゴルフ場の造成は、契約締結時に不可能であったとはいえないが、その後、原告Xカントリー、被告Y組の責めに帰すことができない事由により、不可能となった。

本件契約は「設計許認可業務委託契約」であり、委託された内容は、開発行為許可申請業務と設計業務に分かれることが各業務ごとに金額を示して見積書が添付されていることから明確である。そもそも「委託」は「委任」に通じる用語であり、その業務内容からみても、各種許認可の申請業務であり、これが許認可の取得を給付の内容とするのは不適当である。本契約は開発行為許認可の取得を目標とはするものの、いくつかの準委託契約・請負契約の集合体とみるのが相当であり、準委任契約の事務処理としてなされた労務の割合に応じて報酬を請求しうるというべきものである。

Y組は、K研究所に計5,502万円を支払っている。しかし、この金額には、18ホールのゴルフ場の造成が不可能であると確信してからの事務処理も含まれていること、K研究所に支払った金額は必ずしも原告Xカントリーと被告Y組との間の報酬額とは同視できないことからすれば、被告Y組から原告Xカントリーに請求できる報酬額は、右金額の4分の1である1,375万円が相当である。

A. 契約締結前の紛争

6 判決の意義

　ゴルフ場の開発行為の許可申請等及び設計事務等を委託する契約については、その契約の性質が問題となる。本判決は、契約が準委任契約と請負契約の集合体とみるのが相当であるとし、準委任契約部分いわゆる設計委託の事務処理費用として実施された労務の割合に応じて報酬の請求を認めたものであり、建設業の分野では非常に参考になる。

A-4 都市計画道路の計画がある土地での建築確認申請に関する損害賠償請求控訴事件

1 事件内容

建物建築の請負人が、建築確認申請をするに当たって、敷地に都市計画道路の制限があることを知りながら、注文者に説明すべき義務を怠ったとして損害賠償責任が肯定された事例

2 控訴人、被控訴人等

控訴人	X（発注者）
被控訴人	Y（株）（請負人）
裁判所	東京高裁 平13(ネ)3961号
判決年月日	平14.4.24 民17部判決 一部取消（上告）
関係条文	民法415条、632条、643条、644条

3 判決主文

原判決中被控訴人に関する部分を取り消す。

被控訴人は、控訴人に対し、385万円余及び年5分の割合による金員を支払え。

4 事案概要

控訴人Xは、建設業者である被控訴人Yの紹介により、原審相被告Nから土地を購入し、Yに請負わせて自宅建物を建築した。しかし、本件土地の約3分の2が都市計画法による道路予定地の指定を受けた地域に含まれ、都市計画道路事業が実施される際には建物を移転・除却する義務を負う土地であった。Yは、本件建物の建築確認申請を依頼されており、建築確認申請の際にこのことを知ったのにもかかわらず発注者であるXに告げなかったとして、Xは、債務不履行又は不法行為等に基づいて、本件土地建物の売買代金に相当する損害賠償又は不当利得の返還を求めた。

一審が、Yの損害賠償責任を否定し本件請求を棄却したので、Xは控訴した。

A. 契約締結前の紛争

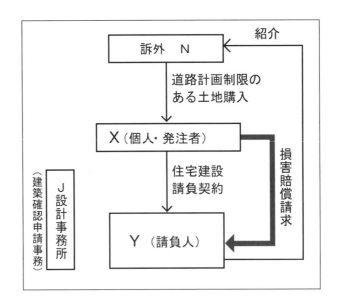

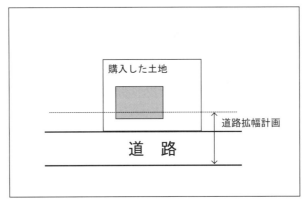

5 裁判所の判断

　本件建物の建築確認申請等の手続きはJ設計事務所が担当したが、被控訴人Yは、控訴人Xとの間で、建築確認の取得についても控訴人Xに対し責任を負うことを約束し、その報酬として25万円を受領した。被控訴人Yは、建物の公法上の規則、制限の有無につき調査をし、これがある場合には、控訴人Xに告げるべき義務を負っていたところ、建築確認申請事務をJ設計事務所に任せきりにして、都市計画制限の存在を控訴人Xに知らせなかったのであるから、建物請負契約上の債務の履行を怠った。

　控訴人Xは、前記債務不履行などを理由に契約の解除を主張するが、建物建築を目的にした請負契約においては、建物完成後に、控訴人X主張のような事由によって契約の解除をすることは出来ない。

　控訴人Xは、建物請負契約の錯誤無効を主張するが、都市計画事業はいつ具体化されるかわからないこと、買収時に時価相当の補償がされること、控訴人Xは平成7年に引越しをして以後現在まで居住を続けていること等の事情を鑑みると、錯誤は重要なものとは言えず、契約を無効とするものではない。

　損害は、本件制限により土地建物の減価が少なくとも10％をくだらないと考えられる。し

たがって、土地の売買代金及び建物の請負代金の総額の約10％に当たる355万円は、被控訴人Ｙの説明義務違反と相当因果関係のある損害と認められる。

6 判決の意義

本件では、建築確認申請手続は請負人とは別の建築設計事務所が行うことになっていたが、請負人も建築確認の取得について発注者に対して責任を負うことを約しその報酬として25万円を受領している事実があったので、これを理由に責任を認め、敷地に関する公法上の規制の有無の調査・説明義務違反を認めたものである。

A．契約締結前の紛争

A-5 大学研究所建物建築の準備作業を始めた下請予定業者からの損害賠償請求事件

1 事件内容

外壁にドイツ製のカーテンウォールを使うことを計画した大学研究所建物について、下請予定業者が下請契約を締結する前に仕事の準備作業を開始した場合、その支出費用を補填することなく施主が施工計画を中止することが、不法行為に当たるとされた事例

2 上告人、被上告人等

上告人	(株) X通商（下請予定業者）
被上告人	Y大学（注文予定者）
裁判所	最高裁 平17(受)1016号
判決年月日	平18．9．4 第2小法廷判決 破棄差戻し
関係条文	民法1条、709条

3 判決主文

原判決を破棄する。
本件を東京高等裁判所に差し戻す。

4 事案概要

被上告人Y大学は、研究用の本件建物の建築に対し文部省から補助金交付の内定を受け、A研究所に設計監理を委託した。A研究所は、外壁にドイツ製のカーテンウォールを使うことを計画、納入期限に間に合わせるために、Y大学に、下請予定業者へ準備作業の開始を依頼すること、依頼後は別の業者は選べなくなることを説明し、了承を得た。

上告人X通商（下請予定者）は、A研究所からガラスカーテンウォールの納入等の準備作業に着手するよう依頼を受けた。X通商は、ドイツの製造ラインの確保等の準備作業を行い、相当の費用を支出した。

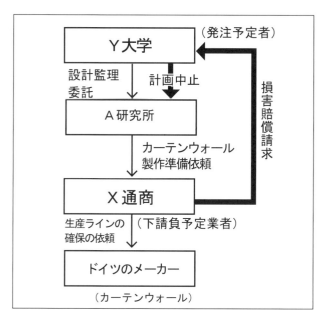
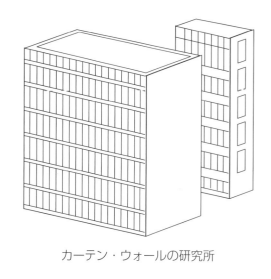

カーテン・ウォールの研究所

しかし、Y大学は、平成14年8月27日、将来の収支に不安があることを理由に、突然本件建物の建築計画の中止を決定し、補助金の交付の申請を取り下げた。

このため、X通商は、不法行為に基づく損害賠償請求を行った。

1審（東京地裁）は、X通商の損害賠償請求の一部を認めた。

2審（東京高裁）は、Y大学の不法行為を否定しX通商の請求をすべて棄却した。

その理由は、本件におけるX通商の損害は、A研究所との間で解決を図るべきものであり、Y大学には、本件建物の施工業者を選定して請負契約の締結を図る義務はないので、建築計画の中止は不法行為にあたらないというものであった。

5 裁判所の判断

竣工予定時期に間に合わせるためには、準備作業を開始する必要があった。

施主は、設計管理者の説明を受けて、上告人X通商に準備作業の開始を依頼すること、依頼後は別の業者を選ぶことはできないことを了承していた。

上告人X通商は、下請契約を確実に締結できるものと信頼して準備作業を開始したものであり、Y大学がこれを予見し得た場合には、特段の事情が無い限りY大学には請負契約を締結すべき法的義務はなくとも、上記信頼に基づく行為によって上告人X通商が支出した費用を補填するなどの代償的措置を講ずることなく本件建物の建築計画を中止することは、上告人X通商の信頼を不当に損なうものであり、Y大学は不法行為による賠償責任を免れない。

6 判決の意義

　本判決は、施主と下請業者との間に、契約締結上の過失が問題となる場合と類似した信頼関係が生じていると評価できる事実関係が存在する場合においては、下請予定業者と施工業者の間での下請契約が締結される前に、下請予定業者が下請の仕事の準備作業を開始した場合であっても、施主が下請予定業者の信頼を不当に損ない財産的損害を被らせたと判断されるときには、不法行為責任を免れることが出来ないことを確認した最高裁の判例である。

B．建設工事請負契約

B．建設工事請負契約

B-1 譲渡禁止特約に反して行われた工事代金債権譲渡について争われた供託金還付請求権帰属確認請求本訴、同反訴事件

1 事件内容

譲渡禁止特約に反して債権を譲渡した債権者が、同特約の存在を理由に譲渡の無効を主張することは、債務者にその無効を主張する意思があることが明らかであるなどの特段の事情がない限り、許されないとされた事例

2 上告人、被上告人等

上告人	X（手形割引会社）
被上告人	Y（建設会社）
裁判所	最高裁 平19(受)1280号
判決年月日	平21．3．27 第2小法廷判決 破棄自判
参照条文	民法466条

3 判決主文

原判決を破棄し、第1審判決を取り消す。

被上告人の上告人に対する本訴請求を棄却する。

上告人と被上告人との間において、上告人が第1審判決別紙供託金目録記載の供託金の還付請求権を有することを確認する。

4 事案概要

被上告人Yは、平成17年3月に特別清算開始決定を受け、同手続を遂行中の株式会社である。上告人Xは、会員に対する貸付け、会員のためにする手形割引等を目的とする法人である。YとXは、平成14年12月2日YがXに対して次のア記載の債権の根担保としてイ記載の債権を譲渡する旨の債権譲渡担保契約（以下「本件契約」という。）を締結した。

ア　YとXとの間の手形貸付取引に基づき、XがYに対して現在及び将来有する貸付金債権及びこれに附帯する一切の債権
イ　Yが訴外Aに対して取得する次の債権のすべて
(ア)　種　　　類　　　　工事代金債権
(イ)　始　　　期　　　　平成14年6月2日
(ウ)　終　　　期　　　　平成18年12月2日
(エ)　譲渡債権額　　　　1億5,968万円

　Yは、Aに対する上記イ記載の債権に含まれる第1審判決債権目録記載の工事代金債権（以下「本件債権」という。）を取得した。本件債権には、YとAとの間の工事発注基本契約書等によって、譲渡禁止の特約が付されていた。

　Aは、平成16年12月6日、平成17年2月8日、同年12月27日に、各々の債権について、それぞれ債権者不確知を供託原因として第1審判決別紙供託金目録記載の各供託金額欄記載の金員を供託した。

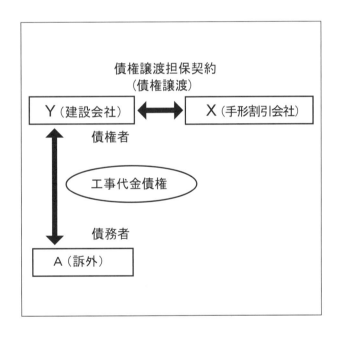

　Xは、上記債権譲渡は有効であり上記供託金の還付請求権を有することの確認を求めた。これに対して、Yは、上記請負代金債権には譲渡禁止特約が付いているので債権譲渡は無効であり、Yが当該還付請求権を有することの確認を求めた。

　原審は、本件契約に基づく本件債権の譲渡（以下「本件債権譲渡」という。）は無効であり、また、本件債権譲渡の無効を主張できるのは債務者Aだけであるとの主張を否定した。

5 裁判所の判断

　民法は、原則として債権の譲渡性を認め（民法466条1項）、当事者が反対の意思を表示した場合にはこれを認めない旨定めている（同条2項）ところ、債権の譲渡性を否定する意思を表示した譲渡禁止の特約は、債務者の利益を保護するために付されるものと解される。そうすると、譲渡禁止の特約に反して債権を譲渡した債権者は、同特約の存在を理由に譲渡の無効を主張する独自の利益を有しないのであって、債務者に譲渡の無効を主張する意思があることが明らかであるなどの特段の事情がない限り、その無効を主張することは許されないと解するのが相当である。

　これを本件についてみると、前記事実関係によれば、被上告人は、自ら譲渡禁止の特約に反して本件債権を譲渡した債権者であり、債務者であるAは、本件債権譲渡の無効を主張することなく債権者不確知を理由として本件債権の債権額に相当する金員を供託しているというのである。そうすると、被上告人には譲渡禁止の特約の存在を理由とする本件債権譲渡の無効を主張する独自の利益はなく、前記特段の事情の存在もうかがわれないから、被上告人Yが上記無効を主張することは許されないものというべきである。

6 判決の意義

　譲渡担保とは、担保の目的である財産権を一旦債権者に移転させ、債務者が債務を弁済したときに返還するという形式の債権の担保制度（非典型担保）である。本件の場合には、将来の一定期間の手形貸付取引に基づく貸付金債権等の根担保として、工事代金債権を譲渡する旨の債権譲渡担保契約が締結されたものであるが、この工事代金債権には、工事発注基本契約書によって譲渡禁止の特約が付されていた。

　このような譲渡禁止特約のある債権譲渡について、譲渡禁止特約に反した債権の譲渡人は、同特約の存在を理由に譲渡の無効を主張する独自の利益がなく、債務者に譲渡の無効を主張する意思のあることが明らかであるなど特段の事情が無い限り、その無効を主張することはできないということを、本件判決は明確にしたものである。

B-2 熱電供給システムの製造及び設置に係る工事請負代金請求事件

1 事件内容

注文書に、「支払いについて、ユーザー（甲）がリース会社と契約完了し入金後払いといたします。手形は、リース会社からの廻し手形とします。」との記載があった場合において、システム設置工事請負契約は、このリース契約が締結されないことになった時点で、当該請負契約に基づく請負代金の支払期限が到来したと解するのが相当であるとされた事例

2 上告人、被上告人等

上告人	X（建設会社）
被上告人	Y（注文者）
裁判所	最高裁　平成21(受)309号
判決年月日	平22. 7 .20　第3小法廷判決　破棄差戻し
参照条文	民法127条1項、135条1項、632条、民事訴訟法247条

3 判決主文

原判決を破棄する。

本件を名古屋高等裁判所に差し戻す。

4 事案概要

上告人Xは、石油類供給設備に関する工事の設計、施工等を目的とする会社であり、被上告人Yは、土木建築用資材その他の物品の売買等を目的とする会社である。

訴外Aは、平成17年ごろ、温泉施設建設を計画し熱電供給システム（以下「本件システム」という。）を導入することを検討、訴外Bは、Aから相談を受け、Xと本件システムの製造・設置に係る工事（以下「本件工事」という。）施工の交渉を始めた。

Aは、同年9月ごろ、Bに対し本件システムを発注した。その当時、AとBは、本件シス

B．建設工事請負契約

テムについて、BがCに売却した上で、AがCとの間でリース契約を締結することを予定していた。

Xは、平成17年9月ごろ、Bから本件工事の受注を打診され、請負代金の支払確保のために、Bと直接請負契約を締結するのではなく、信用のある会社（Y）を注文者として本件取引に介在させることを条件として、本件工事に着手した。

Yは、Bから依頼を受け、平成18年3月Xとの間で、請負代金を2,900万円として、本件工事の請負契約（以下「本件請負契約」という。）を締結するとともに、本件システムをBに代金3,070万円で売り渡す契約を締結した。

本件請負契約の締結に当たり、YがXに交付した注文書には、「支払いについて、ユーザー（甲）がリース会社と契約完了し入金後払いといたします。手形は、リース会社からの廻し手形とします。」との記載があった。

Xは、平成18年4月、本件工事を完成させて、本件請負契約において合意されたところに従い、本件システムをAに引き渡した。

同年5月AC間において本件システムのリース契約を締結しないこととなり、Aは、その後もBに対して本件システムの代金支払をしなかったため、Xが請負代金等の支払を求めたものである。

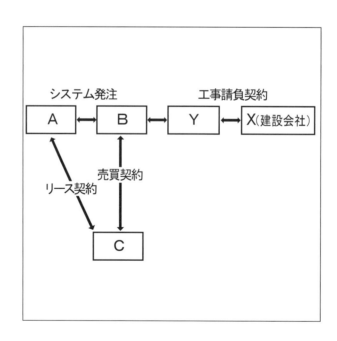

原審は、本件請負契約は、AとCとの間で本件システムのリース契約が締結されることを停止条件とするものであり、上記リース契約が締結されないことになった時点で無効であることが確定されたとして、Xの請求を棄却した。

5 裁判所の判断

　AがCとの間で締結することを予定していたリース契約は、いわゆるファイナンス・リース契約であって、Aに本件システムの代金支払につき金融の便宜を付与することを目的とするものであったことは明らかである。そうすると、たとえ上記リース契約が成立せず、Aが金融の便宜を得ることができなくても、Aは、Bに対する代金支払義務を免れることはないというのが当事者の合理的意思に沿うものというべきである。加えて、上告人は、本件工事の請負代金の支払確保のため、あえて信用のある会社を本件システムに係る取引に介在させることを求め、その結果、被上告人を注文者として本件請負契約が締結されたことをも考慮すると、上告人と被上告人との間においては、AとCとの間でリース契約が締結され、Cが振り出す手形によって請負代金が支払われることが予定されていたとしても、上記リース契約が締結されないことになった場合には、被上告人から請負代金が支払われることが当然予定されていたというべきであって、本件請負契約に基づき本件工事を完成させ、その引渡しを完了したにもかかわらず、この場合には、請負代金を受領できなくなることを上告人が了解していたとは、到底解し難い。

　したがって、本件請負契約の締結に当たり、被上告人が上告人に交付した注文書に前記記載があったとしても、本件請負契約は、AとCとの間で本件システムのリース契約が締結されることを停止条件とするものとはいえず、上記リース契約が締結されないことになった時点で、本件請負契約に基づく請負代金の支払期限が到来すると解するのが相当である。

6 判決の意義

　本件は、請負契約書に付された、支払をユーザー（甲）がリース会社と契約完了し入金後払とするとの附款が、停止条件であるのか、期限であるのかについて争われた事例である。このような、代金支払に関する附款については、要するに、当事者が附款事実の成否にかかわらず債務を支払う意思であったかどうかによって、条件か不確定期限かが決められるわけで、その決定は意思表示の解釈の問題であるとされている。

　本件リース契約は、いわゆるファイナンス・リース契約であって、Aに本件システムの代金支払につき金融の便宜を付与することを目的とするものであったことは明らかであり、たとえリース契約が成立せず、Aが金融の便宜を得ることができなくても、Aは、Bに対する代金支払義務を免れることはないというのが当事者の合理的意思に沿い、リース契約が締結されないことになった時点で、本件請負契約に基づく請負代金の支払期限が到来すると解するのが相当であると最高裁は判示したものである。

B．建設工事請負契約

B-3 いわゆる入金リンク条項が付けられた建設工事請負契約に係る請負代金請求事件

1 事件内容

注文者が請負代金の支払を受けた後に下請負人に代金を支払う旨の合意（入金リンク条項）について、支払を受ける見込みがなくなったときはその時点で代金の支払期限が到来するとの法的な意味が明らかにされた事例

2 上告人、被上告人等

上告人	X（請負人）
被上告人	Y（注文者）
裁判所	最高裁 平21(受)976号
判決年月日	平22.10.14 第1小法廷判決 破棄差戻し
関係条文	民法127条1項、135条1項、632条

3 判決主文

原判決中被上告人に関する部分を破棄する。
前項の部分につき本件を東京高等裁判所に差し戻す。

4 事案概要

訴外Aは、平成16年7月指名競争入札により、T地域広域水道企業団から浄水場内の監視設備工事を請け負った。

Aは、本件機器の製造等を上告人Xに行わせることにしたが、XもAと共に上記入札に参加した関係にあったことから、Aが直接Xに対して発注するのではなく、その子会社又は関係会社を介在させて発注することとした。Cは、被上告人Yに対し、受注先からの入金がなければ発注先に請負代金の支払はしない旨の入金リンクという特約を付するからYにリスクはないとの説明をしたうえ、本件機器の製造等を受注して他社に発注することを打診、Y

は、本件機器の製造等を受注することにした。

Aは、同年11月Xに対する発注者をYとすることをXに打診、平成17年3月XとYの間で本件請負契約が締結された。

結局、この工事のうち本件機器の製造等については、AB間、BC間、CD間、DY間、YX間に、それぞれ請負契約が締結された。

XとYとは、本件請負契約の締結に際し、「支払条件」欄中の「支払基準」欄に「毎月20日締切翌月15日支払」との記載に続けて「入金リンクとする」との記載（以下「本件入金リンク条項」という。）がある注文書と請書とを取り交わして、Yが本件機器の製造等に係る請負代金の支払を受けた後にXに対して本件代金を支払うことを合意した。

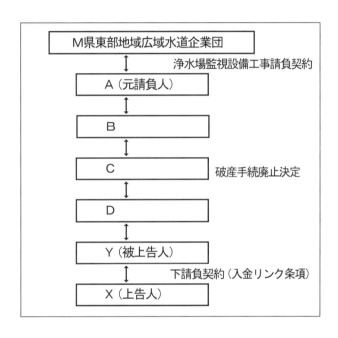

Xは、本件機器を完成させ、平成17年4月本件機器をAに引き渡し、Aは同年5月Bに請負代金を支払、Bは同年12月までにCに上記請負代金を支払ったが、Cは平成19年1月倒産したため、Yは、本件機器の製造等に係る請負代金の支払を受けられなかった。

原審は、本件入金リンク条項は、本件代金の支払につき、Yが本件機器の製造等に係る請負代金の支払を受けることを停止条件とするものであり、上記条件は成就していないからXの請求は理由がないとした。

5 裁判所の判断

本件請負契約が有償双務契約であることは明らかであるところ、一般に、下請負人が、自らは現実に仕事を完成させ、引渡しを完了したにもかかわらず、自らに対する注文者である請負人が注文者から請負代金の支払を受けられない場合には、自らも請負代金の支払が受けられないなどという合意をすることは、通常は想定し難いものというほかはない。特に、本

件請負契約は、代金額が3億1,500万円と高額であるところ、一部事務組合であるT広域水道企業団を発注者とする公共事業に係るものであって、浄水場内の監視設備工事の発注者である同企業団からの請負代金の支払は確実であったことからすれば、上告人と被上告人との間においては、同工事の請負人であるAから同工事の一部をなす本件機器の製造等を順次請け負った各下請負人に対する請負代金の支払も順次確実に行われることを予定して、本件請負契約が締結されたものとみるのが相当であって、上告人が、自らの契約上の債務を履行したにもかかわらず、被上告人において上記請負代金の支払を受けられない場合には、自らもまた本件代金を受領できなくなることを承諾していたとは到底解し難い。

したがって、上告人と被上告人とが、本件請負契約の締結に際して、本件入金リンク条項のある注文書と請書とを取り交わし、被上告人が本件機器の製造等に係る請負代金の支払を受けた後に上告人に対して本件代金を支払う旨を合意したとしても、有償双務契約である本件請負契約の性質に即して、当事者の意思を合理的に解釈すれば、本件代金の支払につき、被上告人が上記支払を受けることを停止条件とする旨を定めたものとはいえず、本件請負契約においては、被上告人が上記請負代金の支払を受けたときは、その時点で本件代金の支払期限が到来すること、また、被上告人が上記支払を受ける見込みがなくなったときはその時点で本件代金の支払期限が到来することが合意されたものと解するのが相当である。

6 判決の意義

本件工事は、公共工事であり前払や中間払が行われ、その後A、B、Cと順次本件機器製造等にかかる代金支払がなされたが、Cが倒産したことにより結局Xには代金支払がなされなかった。

本件においては、Yは本件機器の製造等に係る請負代金の支払を受けた後にXに対して本件代金を支払うという条項が契約に附加されていたため、このいわゆる入金リンク条項が、YX間の下請契約に基づく代金支払の停止条件なのか、支払の期限なのかの解釈の問題になった。停止条件なら、YはDから支払を受けるまで永久にXに対する支払をしないでよいこととなり、期限ならDから支払を受けたとき又は支払を受ける見込みがなくなったときに、Xに対する支払をしなければならなくなる。最高裁判所は、入金リンク条項は期限を定めたものであると判示した。

B-4 建築基準法等の規定に適合しない建物に関する請負代金請求本訴、損害賠償請求反訴事件

1 事件内容

建築基準法等の法令に適合しない建物建築を目的とした請負契約が、公序良俗に反し無効とされた事例

2 上告人、被上告人等

上告人	X（請負人）
被上告人	Y（注文者）
裁判所	最高裁　平22(受)2324号
判決年月日	平23.12.16　第2小法廷判決　破棄差戻し
関係条文	民法90条、632条

3 判決主文

原判決中、上告人敗訴部分を破棄する。

前項の部分につき、本件を東京高等裁判所に差し戻す。

4 事案概要

平成15年2月、Bと被上告人Yは、請負代金合計1億1,245万円余の約定で、賃貸マンションの建築を目的とする請負契約を締結した。BとYとは、一旦建築基準法等の規定に適合した建物を建築し検査済証の交付を受けた後に、実施図面に従って違法建物の建築工事を施工することを計画した。

Yは、同年5月上告人X（請負人）と請負代金合計9,200万円の約定で、本件各建物の建築を目的とする各請負契約を締結した。

Xは、本件各建物の建築確認済証が交付された後、当該賃貸マンションのA棟地下室については違法な実施図面によりその他については確認図面に従い、本件本工事の施工を開始し

B. 建設工事請負契約

た。

ところが、A棟地下において確認図面と異なる内容の工事が施工されていることがC区役所に発覚し、その指示による是正計画書が作成され、Xは、当該計画書に従った追加変更工事を施工した。

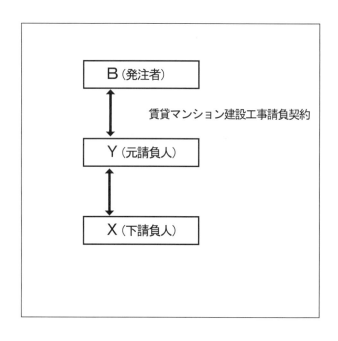

本件建物につき、平成16年5月検査済証が交付され、XはYに対し本件各建物を引き渡したが、Yは、本件各建物の工事代金として合計7,180万円を支払ったのみで、その余の支払をしなかった。

原審は、本件各契約は違法建物の建築を目的とするものであり、公序良俗違反ないし強行法規違反のものとして無効であるとして、本件本工事及び本件追加変更工事のいずれについても、Xの工事代金請求を認めなかった。

5 裁判所の判断

本件各契約は、違法建物となる本件各建物を建築する目的の下、建築基準法所定の確認及び検査を潜脱するため、確認図面のほかに実施図面を用意し、確認図面を用いて建築確認申請をして確認済証の交付を受け、一旦は建築基準法等の法令の規定に適合した建物を建築して検査済証の交付も受けた後に、実施図面に基づき違法建物の建築工事を施工することを計画して締結されたものであるところ、上記の計画は、確認済証や検査済証を詐取して違法建物の建築を実現するという、大胆で、極めて悪質なものといわざるを得ない。加えて、本件各建物は、当初の計画どおり実施図面に従って建築されれば、北側斜線制限、日影規制、容積率・建ぺい率制限に違反するといった違法のみならず、耐火構造に関する規制違反や避難通路の幅員制限違反など、居住者や近隣住民の生命、身体等の安全に関わる違法を有する危

険な建物となるものであって、これらの違法の中には、一たび本件各建物が完成してしまえば、事後的にこれを是正することが相当困難なものも含まれていることがうかがわれることからすると、その違法の程度は決して軽微なものとはいえない。Xは、本件各契約の締結に当たって、積極的に違法建物の建築を提案したものではないが、建築工事請負等を業とする者でありながら、上記の大胆で極めて悪質な計画を全て了承し、本件各契約の締結に及んだのであり、Xが違法建物の建築という被上告人からの依頼を拒絶することが困難であったというような事情もうかがわれないから、本件各建物の建築に当たってXが被上告人に比して明らかに従属的な立場にあったとはいい難い。

以上の事情に照らすと、本件各建物の建築は著しく反社会性の強い行為であるといわなければならず、これを目的とする本件各契約は、公序良俗に反し、無効であるというべきである。

本件追加変更工事は、その中に本件本工事で計画されていた違法建築部分につきその違法を是正することなくこれを一部変更する部分があるのであれば、その部分は別の評価を受けることになるが、そうでなければ、これを反社会性の強い行為という理由はないから、その施工の合意が公序良俗に反するものということはできないというべきである。

6 判決の意義

本件判決は、最高裁判所として、建築基準法違反の建築物の建設工事請負契約は、公序良俗に反し無効（民法90条）と判示し、この部分に関する請負代金請求を認めないことを明らかにした事例である。

民法90条は、公の秩序又は善良の風俗に違反する事項を目的とする法律行為を無効とすると定めており、建築基準法等の行政法規に対する違反の場合にも、民事においてその効力が否定される場合がある（中央建設工事紛争審査会仲裁判断　平成5年（仲）第三号事件参照注）。

この結果、建築基準法の違反建築物については、当該建築物の所有者等は当該建築物の除却、使用禁止等の措置命令を受けることになり、他方請負人は、請負代金を訴訟手段により回収できないこととなる。

なお、最高裁判所は、違反建築部分を是正する工事については、反社会性の強い行為ではないのでその施工の合意が公序良俗に反するものということはできないとした。

（注）　（公財）建設業適正取引推進機構編集「建設業の紛争と判例・仲裁判断事例」284頁参照　（株）大成出版社（2012年）

B．建設工事請負契約

B-5 建設会社役員等の第三者に対する損害賠償請求事件

1 事件内容

会社が、多額の債務超過に陥っていることを隠蔽し、建築工事請負工事の前払金を受領した後に破産したことによる注文者の損害について、同社代表取締役に会社法429条1項等に基づく損害賠償責任が認められた事例

2 原告、被告等

原告	X等（建物建築請負契約を締結した一般消費者）
被告	Y1（A(株)代表取締役）、Y2（同元取締役）、Y3（同元取締役）
裁判所	静岡地裁　平21(ワ)513号
判決年月日	平24.5.24 判決　一部勝訴
参照条文	会社法429条1項、民法709条、719条

3 判決主文

被告Y1は、原告らに対し、別紙訴額減縮一覧表の「減縮後の請求額」欄記載の各金員及び同各金員に対する平成21年1月29日から支払済みまで年5分の割合による金員を支払え。

原告らの被告Y2及び同Y3に対する請求をいずれも棄却する。

4 事案概要

Aは、昭和46年に被告Y1により不動産会社として設立され、その後住宅工事の請負業を開始した。ところが、第32期（平成14年3月期）以降売上げは停滞し、第38期には実質的に大幅な営業損失が生じるに至った。

このような状況の中で、同社は、平成19年6月には、従前上棟時までに請負代金の70パーセントを支払うとされていた契約書式を着工時までにと変更し、また、平成20年12月ごろまでに85億2,000万円が必要とされるなどの理由から、前倒し集金の指示が全社的に行われた。

このころ、同社においては、契約条件よりも早く入金した顧客に対し、資材仕入れで得られる円高差益を還元するとして、入金額の1.5パーセント程度を還元するという「円高差益還元キャンペーン」と称する企画が開始された。

しかし、平成21年1月、㈱KPMG FAS（以下「KPMG」という。*）の調査報告書において、同社は、不適切な会計処理がなされていたこと、平成20年3月末日時点での実質的な債務超過が277億600万円にも上ることが指摘され、同月29日東京地方裁判所に破産手続開始が申立てられ、同決定がなされた。

KPMGの調査報告書においては、第38期において、決算期直前に売上原価と買掛金を減少させ翌期首にこれを繰り戻すという会計処理の結果、売上原価が合計約15億1,600万円過小に計上されているとの指摘がなされ、未成工事支出金残高と販売用不動産のうち、実在性のないものがそれぞれ18億7,900万円と2億5,000万円あり、売上原価又は販売費・一般管理費が合計約21億2,900万円過小に計上されているとの指摘がなされた。さらには、前受金の早期振替えに伴う売上高の過大計上及び売上高の早期計上について、工事が完成せずかつ顧客からの最終入金も完了していない段階で、前受金を売上高に過大に計上し、あるいは工事が完成していないにもかかわらず最終入金があった時点で売上高を計上した結果、売上高が合計10億3,700万円過大に計上されているとの指摘がなされた。

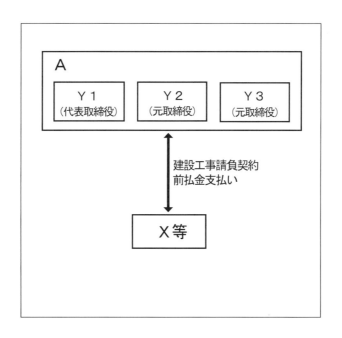

Y1は、悪意又は重過失によりA㈱の代表取締役としての業務執行上の義務を懈怠したものであるから、会社法429条1項の責任を負う。また、その行為が、一般不法行為の要件を満たすことは明らかであるから、Y1は、原告らに対し不法行為責任（被告Y2及び被告Y3との関係では共同不法行為責任）を負う。Y2及びY3は、悪意又は重過失により、㈱Aの事実上の取締役としての業務執行上の義務を懈怠したものであるから、会社法429条1項の類推適用に基づく責任を負うと、原告X1は主張した。

B．建設工事請負契約

　これに対して、Ｙ１らは、何ら任務懈怠はなく故意又は重過失もなかったのであるから、会社法上又は民法上の不法行為責任を負うことはない、また、Ｙ２及びＹ３は、会社法429条１項の類推適用に基づく責任を負わないと主張した。

5　裁判所の判断

　取締役は、会社の経営に関し善良な管理者の注意をもって忠実にその任務を果たすべきものであるが（会社法330条、民法644条）、かかる任務を懈怠した善管注意義務違反につき悪意又は重過失があったときは、当該任務懈怠によって第三者に生じた損害を賠償する責任を負うというべきである（会社法429条１項）。

　Ａ(株)は、平成20年11月５日時点において、自身の経営努力によっては回復できない程の資金不足を抱えており、翌月分の支払さえも不可能な状況にあったところ、同日に支払遅延を起こしたことで、実際にそれが顕在化したというべきであって、これに深刻な債務超過の事実を併せ考慮すれば、遅くとも同時点においては、Ａ(株)の倒産の危険は現実化し、原告ら顧客から請け負った工事を完成させることは不可能な状況に至っていたというべきである。

　本件におけるＡ(株)による原告ら顧客からの集金行為は、契約上の弁済期よりも前倒しで集金したのはもちろん、契約どおりの弁済期に従ったものであったとしても、平成20年11月５日以降については、出来高に応じることなく集金したものについて、顧客側に倒産のリスクを強いる不適切なものであったといわざるを得ない。したがって、被告Ｙ１としては、Ａ(株)の代表取締役として、顧客からの前払金の受領を中止し、代金支払方法を出来高払いにするか、あるいは少なくとも顧客に対し請負代金の前払いによって負う倒産のリスクを十分に説明するよう指示する等の具体的措置を執るべき職務上の義務があったというべきである。

　ところが、Ａ(株)は、平成20年11月５日の支払遅延の後も、契約書式どおりの前払金の受領を継続したのみならず、むしろ円高差益還元キャンペーンを導入するなどして、契約書式上の契約条件よりも更なる前倒しの入金を顧客に要請していたことが認められるのであって、しかも、かかる集金方法は全社的に行われていたところ、被告Ｙ１は、かかる集金方法を是正することができる立場にありながら、上記前払金受領を積極的に指示していたか、少なくとも漫然と放置したものと認められるのである。そうすると、被告Ｙ１は、原告らとの間で、Ａ(株)が請負工事を完成させる可能性が極めて低いことを知りあるいは容易に知ることができたにもかかわらず、原告らの前払代金を運転資金の不足分に充てることで一時的にもＡ(株)の資金繰りの逼迫を解消しようとして、あえて請負代金を受領したものといわざるを得ず、被告Ｙ１のかかる行為は、Ａ(株)の代表取締役としての忠実義務に著しく違反した

任務懈怠というべく、かつ、その任務懈怠につき被告Ｙ１には少なくとも重大な過失があるというべきであるから、被告Ｙ１は、原告に対し、原告らが平成20年11月５日以降の代金支払により被った後記損害につき会社法429条１項の責任を免れないというべきである。

また、被告Ｙ１は、Ａ(株)の代表取締役として、同社の資金繰りを把握し、上記支払遅延以降の出来高を超える部分の前払金受領を中止すべき注意義務を負っていたにもかかわらず、かかる注意義務に違反し、故意あるいは過失によって原告らに損害を負わせたというべきであるから、被告Ｙ１は、上記義務違反につき民法709条に基づく不法行為責任を負うというべきである。

被告Ｙ２及びＹ３が、取締役であったのは登記簿上でも平成18年５月24日までであり、支払遅延が生じた平成20年11月５日ころは、既に取締役の地位にはなかった。被告Ｙ２及びＹ３が取締役在任中あるいは退任後において、経営の根本に関わる事項を決定し、あるいは意思決定に関与したとか、それができる立場にあったとまで認めるのは困難である。

6 判決の意義

取締役等がその任務に違反した場合には、本来会社に対する関係で責任を負うに過ぎず、民法上、取締役等は第三者に対しては不法行為の要件を満たさない限り責任を負わないが、第三者保護のため、会社法により、会社に対する任務違反について悪意又は重過失があれば第三者に対する権利侵害や故意過失を問題にしないで、取締役等が損害賠償責任を負うこととされている（会社法429条）。この規定は、企業倒産の場合に、会社債権者が債権回収のため取締役等を訴えるときによく用いられる。

本件は、取締役等の悪意又は重過失による任務懈怠による会社法429条１項又は同条２項１号ロ（計算書類等についての虚偽記載）に基づく損害賠償請求をするとともに、取締役等に、前払金受領を中止すべき注意義務違反があったとして民法709条に基づく損害賠償請求を行った結果、代表取締役Ｙ１についてはその責任が認められたものである。建設工事請負契約に基づく前払いに関するものであり、参考になる事例である。

なお、役員等の第三者に対する損害賠償請求（会社法429条）に関する参考事例として、最高裁判所昭和44年11月26日判決（平成17年改正前商法266条の３の事例）がある。

＊ オランダを本部とする会計事務所、世界４大会計事務所の一つといわれている。

C．工事の中断・工事契約の解除

C．工事の中断・工事契約の解除

C-1 県道改良下請工事中断の場合の下請工事代金請求控訴事件

1 事件内容

県道改良工事の下請契約が当事者の合意の上で解除された場合に、元請負人は、工事出来高に応じて下請代金の支払義務があるとされた事例

2 控訴人、被控訴人等

控訴人	X（元請負人）
被控訴人	Y建設（株）（下請負人）
裁判所	東京高裁 昭和44年(ネ)第77号
判決年月日	昭46.2.25 第2部判決 原判決変更（確定）
関係条文	民法466条、467条、468条

3 判決主文

控訴人は、被控訴人に対し45万円及び年6分の金員を支払え。
控訴人のその余の請求を棄却する。

4 事案概要

　昭和42年8月18日控訴人Xが、請負契約報酬金162万円で県から請け負った道路改良工事を、被控訴人Y建設（下請負人）が、Xとの間で下請負報酬金152万円、工事期間同日から昭和43年5月末日までの約束で、下請負する旨の契約をした。Y建設は、昭和42年12月中旬まで工事を行い、中止した。

　発注者S県は、昭和43年1月25日出来高を42％と査定し、請負契約報酬金162万円の42％の90％にあたる61万円を中間金としてXに支払った。出来高42％という査定が、正しかったかどうかが争点になった。

　Y建設は、昭和43年3月中旬倒産した。Xは、残工事を直営で6月初旬完成させ、残工事

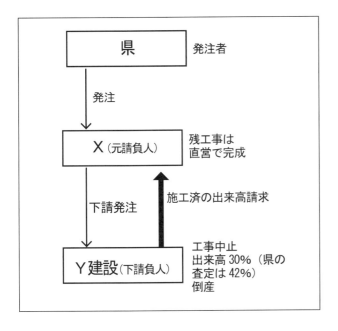

費用として122万円余支出した。

　Y建設は、下請代金の支払をXに対して請求した。

5 裁判所の判断

　県の42％という査定は、工事現場に赴いて綿密に調査の上査定したものではなく、妥当でない。下請負人の施工した出来高は、30％程度であった。

　たとえ工事の中途で請負契約を合意解除しても、すでになされた仕事を基礎としその上に継続して自ら施工し完成したような場合は、下請負人の施工した出来高に応じて、相当の報酬を支払うべきである。

　したがって、被控訴人Y建設は、控訴人Xに対し、前記認定の出来高分30％に相当する請負報酬金45万6,000円を請求することができる。

6 判決の意義

　建設工事標準下請契約約款（昭和52年4月26日中央建設業審議会制定。平成22年7月26日最終改正）では、元請負人による解除、下請負人による解除いずれの場合も元請負人は工事の出来形部分、部分払いの対象となった工事材料の引き渡しを受け、引き渡しを受けた場合は、それらに対応する請負代金を下請負人に支払う旨規定している（同約款35〜37条）。本判決は前記事案につき、元請負人の下請負人に対する下請代金の支払義務を認めたものである。

C-2 注文者の責めにより完成不能になった冷暖房工事の請負代金請求事件

1 事件内容

注文者の責めに帰すべき事由により工事の完成が不能となった場合において、請求人に報酬請求権が認められ（民法536条2項）、その具体的な報酬の範囲としては、約定の全報酬額から請負人が債務を免れることによって得た利益を控除した額を請求できるとされた事例。

2 上告人、被上告人等

上告人	Y
被上告人	X機器(株)
裁判所	最高裁 昭51(オ)611号
判決年月日	昭52.2.22 第3小法廷判決 上告棄却
関係条文	民法536条2項、632条

3 判決主文

本件上告を棄却する。

4 事案概要

住宅電気設備機器の設置販売を業とする被上告人X機器は、訴外Aから上告人Y所有家屋の冷暖房工事を代金430万円、工事完成時現金払いの約束で請負った。Yは、X機器に対し、Aが負担すべき債務について連帯保証した。

X機器は、冷暖房工事の内ボイラーとチラーの据付工事を残すだけとなったので、必要な機材を用意してこれを完成させようとしたところ、Yが地下室の水漏れに対する防水工事を行う必要上、その完了後に据付工事をするようX機器に要請した。その後X機器及びAの再三にわたる請求にもかかわらず、Yは防水工事を行わず、ボイラーとチラーの据付工事を拒んだ。

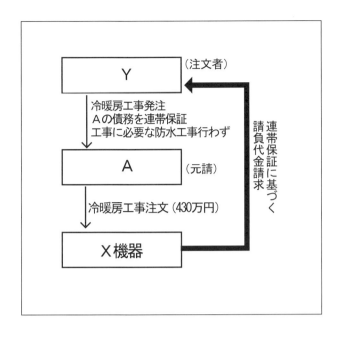
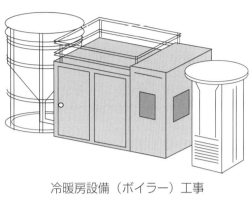

冷暖房設備（ボイラー）工事

　X機器の行うべき残余工事は、X機器が本訴を提起した時点では、社会取引通念上履行不能の状態に帰していた。

　X機器は、A及びYに対して請負代金全額を請求したが、原審は、X機器はA及びYに対して工事の出来型に応じた代金を請求できるにすぎないと判示した。

　これに対し、Yは、民法415条、同法632条の解釈に誤りがあると主張して上告し、X機器は、本件残余工事は、注文者の責めに帰すべき事由によって完成が不能になったと反論した。

5 裁判所の判断

　請負契約では、仕事が完成しない間に、注文者の責めに帰すべき事由により完成が不能になった場合は、請負人は自己の残債務を逃れるが、民法536条2項によって、注文者に請負代金全額を請求することができる。ただ、請負人は自己の債務を免れたことによる利益を注文者に償還すべき義務を負うにすぎない。

　本件冷暖房工事は、注文者であるAの責に帰すべき事由により完成が不能になったので、被上告人X機器は、Aに対して請負代金全額を請求できる。上告人YはAの債務について連帯保証責任を免れない。したがって、原判決が、被上告人X機器はAに対して工事の出来高に応じた代金を請求できるにすぎないとしたのは、民法536条2項の解釈を誤った違法がある。

　もっとも被上告人X機器は、前記工事の出来高を超える自己の敗訴部分について不服申し立てをしていないから、結局この違法は、判決に影響を及ぼさない。

C．工事の中断・工事契約の解除

6 判決の意義

　請負契約においては、仕事が未完成の間にその完成が不能となったとき、その履行不能が、注文者の故意・過失又は信義則上これと同視しうるようなその責に帰すべき場合には、民法536条2項を適用すべきものとされ、請負人は報酬請求権を失わないと解されており、本判決はこの法理を適用した事例として参考になる。

　また、請負人は、民法536条2項ただし書により、自己の債務を免れたるに因りて得た利益については、注文者に償還すべきであるとされている。

C-3 自動車学校用地整地工事中断に関する土地所有権移転登記抹消登記手続請求事件

1 事件内容

自動車学校用地整地工事における請負人の履行遅滞による契約の一部解除の認定は妥当でなく、契約全部の解除であると解すべきであるとされた事例

2 上告人、被上告人等

上告人	X土地(株)（注文者）
被上告人	Y（請負人）
裁判所	最高裁 昭52(オ)583号
判決年月日	昭52.12.23 第3小法廷判決 破棄差戻し
関係条文	民法541条、632条

3 判決主文

原判決を破棄する。
本件を札幌高等裁判所に差し戻す。

4 事案概要

昭和37年8月中旬頃、被上告人Yは、訴外Aの注文により、Aが同年10月1日に開校予定の自動車学校の用地整地等工事を、完成期日を9月中旬と定めて請負った。上告人X土地は、AのYに対する請負工事の報酬債務を重畳的に引き受けるとともに、その支払に代えてX土地所有の土地のうち1,000坪をYに譲渡する旨約定した。

X土地は、前記約定に基づき、Yに対して約500坪を譲渡し、所有権移転登記をした。Yは、本件工事に着手したが、本件工事過程の約10分の2程度を工事した段階で、同年9月ごろ工事を中断した。

Aは、再三にわたって工事の続行を催告したが、Yが応ぜず全工事完成の見通しが立たな

C. 工事の中断・工事契約の解除

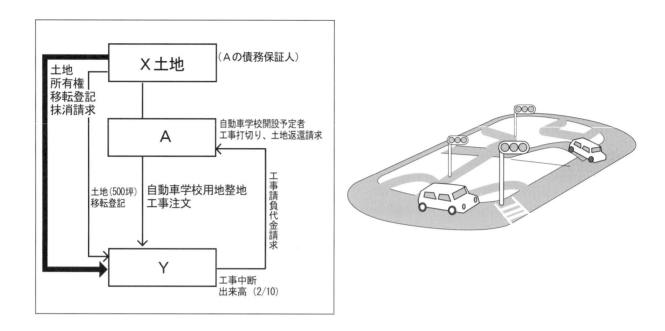

くなったので、工事残部の打ち切りを申し入れ、既施工部分の引渡しを受けるとともに、土地の返還を請求した。

Yは、既施工部分の出来高代金として100万円を支払わなければ土地の返還には応じられないとの態度を示した。Aも、昭和37年11月頃Yに対して債務不履行を理由に本件工事のうち未完成部分の工事請負契約を解除すると共に、損害賠償請求債権と出来高工事債権とを対当額で相殺する旨の意思表示をした。

X土地は、Yに対して、本件土地につき所有権移転登記を抹消するように求めた。

原判決は、上告人Xの主張する債務不履行に基づく契約解除が一部解除であり、出来高部分については契約解除を認めず、X土地が本件土地所有権をYに移転したことは既施工部分の工事出来型に対応する前払として有効であるとした。

5 裁判所の判断

被上告人Yは、工事全工程の約10分の2程度の工事をしたにすぎず、被上告人Yのした施工部分によってはAが契約の目的を達することは出来ないことが明らかであり、工事残部の打切りを申し入れると共に土地全部の返還を要求しているのであるから、他に特別の事情がない以上、Aは契約全部を解除する旨の意思表示をしたものと解するのを相当とすべく、単に残工事部分のみについての契約解除の意思表示をしたと断定することは妥当を欠く。原判決が、前記特別の事情のあることを認定することなく、残工事部分のみについて契約の解除を認めたのは、経験則に照らして是認することが出来ない。

6　判決の意義

　債務者の一部履行遅滞がある場合に、通説・判例は、債務者のなすべき給付の内容が可分である場合（一部を履行しただけでも債権者にとってそれだけの価値がある場合）、債権者は未履行の残部についてだけ契約解除することが出来るのを原則とするが、全部の給付がなければ債権者にとって契約の目的を達することができない場合には、給付が可分でも契約の全部を解除することが出来るとしている。

　本件では、全部の給付がなければ注文者にとって契約の目的を達することができない場合であり、工事の残部の打切りを申し入れると共に土地全部の返還を要求している等の事情からみて、本判決は、契約全部の解除の意思表示をしたものと解するのが相当であるとしたものであり、通説、判例に沿った解除の解釈事例として意義がある。

C．工事の中断・工事契約の解除

C-4 住宅団地の建築協定に関する適切な説明義務を怠った請負契約の解除に伴う損害賠償請求事件

1 事件内容

建築請負業者が建物建築請負契約を締結する場合、注文者が意思決定するにあたって重要な意義を持つ事実（団地の隣地からの後退距離に関する建築協定等）について、適切な調査、説明義務を負うとされ、契約解除に伴う損害賠償責任が肯定された事例

2 原告、被告等

原告	X（注文者）
被告	Y（株）（請負人）
裁判所	大津地裁　平7（ワ）383号
判決年月日	平8．10．15　民事部判決　一部認容一部棄却（控訴）
関係条文	民法415条、417条、710条

3 判決主文

被告は、原告に対し、990万円及び年6分に割合による金員を支払え。

4 事案概要

原告Xは、被告Y（請負業者）に注文して、2世帯用の建物を新築する請負契約を締結し、旧建物を壊した。当該団地は、隣地境界線からの後退距離を定める等の建築協定に違反していたため、隣地住民から、クレームがあり、建築が出来なくなった。このため、Xは、契約を解除しYに対し、隣家のクレームにより工事が中止になる恐れがあり、Yは専門の建築業者としての調査、説明義務があるのに不適切な説明をして損害を被らせたとして、不法行為に基づく損害賠償を請求した。

Yは、Xの求めで建築協定に違反するプランを作成したが、Xに対し隣家にプランを説明し了解を得るよう頼んだので、Yには債務不履行又は不法行為の責任はないと主張した。

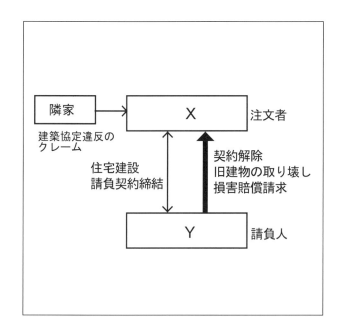

5 裁判所の判断

建設業を専門に営むものが、建物建築請負契約を締結するときは、相手方が意思決定するにあたり重要な意義を持つ事実について、専門業者として取引上の信義則及び公正な取引の要請上、適切な調査、解明、告知・説明義務を負い、故意又は過失により、これに反するような不適切な告知、説明を行い、これにより相手方に損害を与えたときは、損害を賠償すべき責任がある。

本件の場合、隣家から異議があれば工事中止の危険があるという肝心の事柄を原告Xに告知、説明しなければならなかったのに、しなかった。

本件建築協定の拘束力について、町内会の取り決め程度のものだから心配はない、守られていない家もあるし大丈夫だろうと説明した。

建築協定を根拠にしてクレームがついた場合に、工事中止の危険性があるか否かは、請負契約を締結するかどうかの意思決定に対し重要なことがらであるが、被告Yは専門の建築請負業者として、信義則又は公正な取引の要請上、旧建物の取り壊しまでに、調査、解明して、告知すべき義務があったのに、過失によりこれを怠り、旧建物相当額の損害、慰謝料の損害を与えた。

損害額は、旧建物価格は、平成7年の査定価格で、792万円であった。慰謝料は、200万円をもって相当と認める。

C．工事の中断・工事契約の解除

6 判決の意義

　本事例では、建設業者が、一般消費者を注文者として建物建築請負契約を締結する場合には、契約交渉の段階において、相手方が意思決定するに当たり重要な意義を持つ事実について、専門業者として取引上の信義則及び公正な取引の要請上、適切な調査、解明、告知・説明義務を負うと判示しており、近年、一般の消費者から事務処理の依頼を受けた場合の注意義務について高度な注意義務を課せられる傾向のある専門家の中に、弁護士、医師だけではなく建物の建築請負業者も含まれる場合があることが示されたものである。

D．所有権の帰属

D．所有権の帰属

D-1 下請負人が建築した建物に関する下請工事代金請求控訴事件

1 事件の内容

下請負人の調達した材料で建築した建物が、元請負人によって注文者に引き渡された場合において、下請負人の所有権確認及び明け渡し請求が信義則・権利濫用の法理に照らし許されないとされた事例

2 控訴人、被控訴人等

控訴人	X建設(株)（下請負人）
被控訴人	Y1（元請負人会社代表者）
	Y2（住宅注文者）
裁判所	東京高裁 昭55(ネ)3088号
判決年月日	昭58.7.28 民事10部判決 一部取消一部認容（確定）
関係条文	民法632条

3 判決主文

原判決中控訴人X建設と被控訴人Y1に関する部分を取り消す。被控訴人Y1は、控訴人X建設に対し1,130万円余及び年5分の割合による金員を支払え。

控訴人X建設の被控訴人Y2に対する本件控訴及び追加請求を棄却する。

4 事案概要

控訴人X建設は、訴外A設計（元請負人）との間に昭和51年7月下請負契約を締結し、その後追加・変更工事契約を締結した。X建設は、自ら調達した材料で昭和51年8月工事着工し、昭和52年5月には完成した。A設計代表者である被控訴人Y1は、下請負代金1,420万円及び追加工事代金315万円のうち、契約成立時100万円、躯体完了時に400万円をX建設に支払った。Y1は、被控訴人Y2から工事請負代金全額の支払を受けながら、X建設に一部

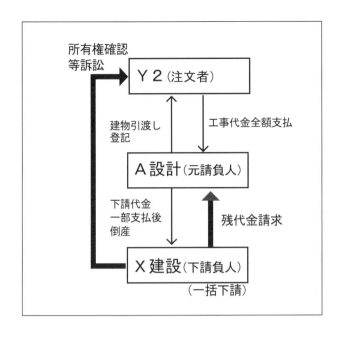

工事代金を支払ったのみで、残額の支払をまったくしなかった。Y1は、建物の完成後、Y2に引き渡し、A設計を手形不渡りにより倒産させ、自らも所在をくらました。

X建設は、Y1に対し請負残代金1,130万円余及び利息を請求するとともに、X建設とY2との間でX建設が本件建物の所有権を有することの確認請求をした。Y2は、X建設に対し本件建物の明け渡しの請求をした。

5 裁判所の判断

下請人が自ら材料を調達・供給して建物を完成した場合には、建物所有権は先ず同人に帰属するのであるから、注文者が元請人を通じて建物所有権を取得するためには、下請人から元請人、更に元請人から注文者への所有権の移転がなされなければならない。控訴人X建設がA設計へ建物を引き渡したことについて、これを認めるに足りる証拠はないので、建物の所有権はなおX建設に留まっているといわなければならない。

しかし、本件には特段の事情があり、控訴人X建設は、被控訴人Y2に対し、所有権確認、明け渡しを請求することは、信義則、権利濫用の法理に照らし許されないと解するのを相当とする。

本件では、控訴人X建設は、自らなすべき下請代金の支払確保の努力を尽くさず、下請け代金回収の危険を格別落度のない注文者である被控訴人Y2に転嫁するものである。また、注文者が代金を完済し、元請人から平穏に建物の引渡しを受け、登記までも経ながら、なお下請人の建物所有権ないし占有権に妨げられ、二重に代金を支払わなければならないということは、注文者にとってあまりに苛酷である。

以上の通りであるから、被控訴人Y2に対し、所有権、占有権に基づき、本件建物所有権

D．所有権の帰属

確認とその明渡しを求めるＸ建設の本訴請求はすべて失当として排斥を免れない。

被控訴人Ｙ１は、控訴人Ｘ建設に同額の損害を与えたというべく、商法266条の３により控訴人Ｘ建設に対し損害賠償の義務がある。

6 判決の意義

請負契約において請負人が建物等を完成した場合の所有権については、材料の全部又は主要部分を提供した注文者か請負人のいずれかに、完成と同時にその所有権は原始的に帰属する。そして、請負人がその所有権を取得した場合には、引渡しによって注文者に移転する。ただし、当事者の特約によって、帰属者を定めることができるというのが判例・学説である。

この理論を前提にしているものの、Ｘ建設は、自ら調達した材料で本件建物を完成したにもかかわらず、代金を完済し、元請人から平穏に建物の引渡しを受け登記までも経たＹ２に対する所有権確認明渡し請求をすることは、信義則、権利濫用の法理に照らし許されないとされた事例である。

なお、本件判決は、旧商法266条の３（取締役の第三者に対する責任　現会社法第429条１項）により、Ｘ建設からＹ１への損害賠償請求を認めており、事件当事者間の全体的具体的な妥当性を導いている。

D-2 注文者から下請会社に対する建物明渡等請求事件

1 事件内容

建築工事請負契約において出来形部分の所有権は注文者に帰属する旨の約定がある場合に、下請負人が自ら材料を提供して築造した出来形部分の所有権が注文者に帰属するとされた事例

2 上告人、被上告人等

上告人	X（注文者）
被上告人	(株)Y建設（下請負人）
裁判所	最高裁 平元(オ)274号
判決年月日	平5.10.19 第3小法廷判決 破棄自判
関係条文	民法632条

3 判決主文

原判決中、上告人敗訴の部分を破棄する。
前項の部分につき、被上告人の控訴を棄却する。

4 事案概要

上告人X（注文者）は、昭和60年3月訴外A建設（元請負人）との間に、代金3,500万円、竣工期8月25日と定めて、本件建物を建築する旨の工事請負契約を締結した。この元請契約には、注文者は工事契約中契約を解除することができ、その場合工事の出来形部分は注文者の所有とするとの条項があった。

A建設は、4月15日、本件建築工事を代金2,900万円、竣工期8月25日の約定で、被上告人Y建設と一括下請契約を締結した。A建設もY建設も、この一括下請負についてXの承諾を得ていなかった。

D．所有権の帰属

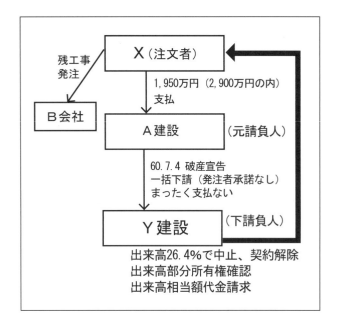
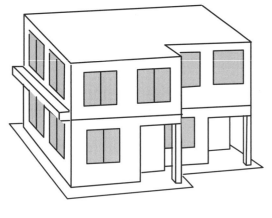

　Y建設は、自ら材料を提供して建築工事を行ったが、昭和60年6月下旬に工事を取りやめた時点では、基礎工事、鉄骨構造が完成しており、出来高は26.4％であった。

　Xは、A建設との約定に基づき、契約時に100万円、4月10日に900万円、5月13日に950万円、合計1,950円をA建設に支払ったが、Y建設は、A建設が6月13日に自己破産を申告し、7月4日に破産宣告を受けたため、下請代金の支払をまったく受けられなかった。

　Xは、6月17日頃下請契約の存在を知り、同月21日A建設に対し元請契約を解除する旨の意思表示と共にY建設との間で建築工事の続行について協議したが、合意は成立しなかった。そこでXは、Y建設に工事の中止を求め、次いで本件建前（出来高）の執行官保管等の仮処分命令を得た。

　その後Xは、7月29日、Bとの間で本件建前を基礎に工事を完成させる旨の請負契約を締結した。Bは、10月26日までに工事を完成させ建物を引き渡し、代金全額の支払を受け、Xは建物の所有権保存登記をした。

　Y建設は、建物の所有権確認や、出来高の償金をXに対して請求した。

　原審（大阪高裁）は、1審を取り消し、本件建前の所有権はY建設に帰属するとして、XはY建設に対し、本件建前に相当する765万円余を支払う義務があるとした。Xは、原判決は誤りであって、破棄をまぬかれないと主張した。

5 裁判所の判断

　注文者と請負人との間に、契約が中途で解除された際の出来形部分の所有権は注文者に帰属する旨の約定がある場合に、当該契約が中途で解除されたときは、下請負人が自ら材料を提供して出来形部分を築造したとしても、当該出来形部分の所有権は注文者に帰属すると解するのが適当である。けだし、一括下請負の形で請負う下請契約は、その性質上元請契約の存在及び内容を前提とし、元請負人の債務を履行することを目的とするものであるから、下請負人は、注文者との関係では、元請負人のいわば履行補助者的立場の立つものに過ぎず、元請負人と異なる権利関係を主張しうる立場にはない。

　本件についてみると、上告人Xは、元請契約の約定により、元請契約が解除された時点で、本件建前の所有権を取得したというべきである。

　これと異なる判断の下に、価格相当額の償金請求を認容した原審の判断は、法令の解釈適用を誤った違法があるものと言わざるを得ない。

6 判決の意義

　本判決は、発注者未承諾の一括下請負における下請負人は、発注者との関係では、元請負人のいわば履行補助者的立場の立つものに過ぎず、元請負人と異なる権利関係を主張しうる立場にはないと判示しており、発注者元請間の契約で定められた発注者の権利が、元請や下請など工事関係者側の内部事情によって変動し、発注者が代金の二重払いを余儀なくさせられるような事態が生じることを避けるという判断に基づいた最高裁判決である。発注者未承諾の一括下請負は、建設業法第22条で禁止されており行政的には監督処分等の対象になるが、民事的効力について本判決は述べており、実務的観点から重要である。

E．瑕疵

E. 瑕疵

E-1 完成後の瑕疵か又は未完成の建物かに関する請負代金請求事件

1 事件内容

個人住宅に関し、請負における工事の未完成か、完成後の目的物の瑕疵かが争点となり、その判断基準を明らかにした事例

2 原告、被告等

原告	X（株）（請負人）
被告	Y（発注者）
裁判所	東京地裁　昭51（ワ）9748号
判決年月日	昭57．4．28 判決　認容（控訴）
関係条文	民法632、634条

3 判決主文

被告は原告に対し、原告が建物を引渡すのと引き換えに、金777万円と年6分の割合による金員を支払え。

4 事案概要

原告Xは、被告Yとの間に、請負代金1,777万円（代金支払方法　契約時500万円、上棟時500万円、建物引渡し時777万円）とする住宅新築工事請負契約を締結した。

Xは、工事を完了し、本件建物を完成したと主張する。また、Xは、Yから請負代金1,777万円のうち1,000万円を受け取ったが、残代金を支払わないので、これを請求したところ、Yは、外観からは完成しているように見えるが、杜撰な部分や、設計どおりの施工をしていない部分があるので、不完全な工事を補修するとともに設計図どおりやり直さない限り、完成したとはいえないと主張した。

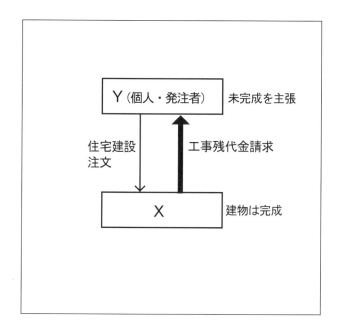
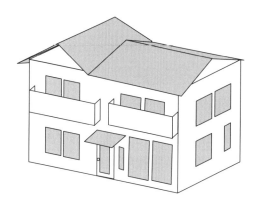

5 裁判所の判断

　一般的にいかなる場合に建物が完成したといえるかは、民法がその瑕疵がかくれたものであるか否かをとわないで、瑕疵修補請求を認めるなど、請負人に厳格な瑕疵担保責任を課しているのは、一方では注文者に完全な目的物を取得させるためであるが、他方では、それによって請負人の報酬請求権を確保するためである。目的物が完成しないと、請負人は報酬を請求し得ない。民法は、請負人に重い瑕疵担保責任を課して注文者を保護する一方、それとの均衡から、できるだけ、目的物の完成をゆるやかに解して、請負人の報酬請求を確保させ、不完全な点があれば、後は瑕疵担保責任の規定（民法634条）によって、処理しようと考えているのである。（ほんの些細な瑕疵があるために請負人が多額の報酬債権を請求できないとすれば、あまりに請負人にとって酷である。）

　目的物が不完全である場合に、それが仕事の未完成と見るべきか、又は仕事の目的物に瑕疵があるものと見るべきかは、工事が途中で中断し、予定された最後の工程を終えない場合は、仕事の未完成ということになるが、他方予定された最後の工程まで一応終了し、ただそれが不完全なため補修を加えなければ完全なものとはならないという場合には、仕事は完成したが、仕事の目的物に瑕疵があるときに該当するものと解する。

　これを本件についてみると、被告Yの主張する不完全工事は、仕事の目的物の瑕疵に当たるというべきである。また、鑑定の結果によれば、基礎に割栗が入っていないが、基礎工事としては、べた基礎、一部連続フーチング基礎、鉄筋コンクリート造りで一応の工程が終了していることが認められる。瑕疵は、補修工事を完了している。

　結論としては、本件建物が完成していないことを理由にしては、被告Yは原告Xに、建物の受領と請負残代金の支払いを拒むことは出来ない。

E. 瑕疵

6 判決の意義

　仕事の未完成と目的物の瑕疵とを区別する判断基準について、「工事が途中で中断し、予定された最後の工程を終えない場合は、仕事の未完成ということになるが、他方予定された最後の工程まで一応終了し、ただそれが不完全なため補修を加えなければ完全なものとはならないという場合には、仕事は完成したが、仕事の目的物に瑕疵があるときに該当するものと解する。」とし、いわゆる工程一応終了説に基づく事例である。

　東京高等裁判所昭和36年12月20日判決の「工事が途中で廃せられ、予定された最後の工程を終えない場合は、工事の未完成に当たるもので、それ自体は仕事の目的物の瑕疵には該当せず、工事が予定された最後の工程まで一応終了し、ただそれが不完全なため補修を加えなければ完全な物とならないという場合には、仕事は完成したが、仕事の目的物に瑕疵があるときに該当するものと解すべきである。」と同旨を述べ、これを適用した事例である。

E-2 車庫に瑕疵がある住宅に関する建築請負契約の損害賠償請求事件

1 事件内容

車庫に乗用車の出入ができない瑕疵がある住宅に関し、請負契約約款に基づく注文者の契約解除権は適用されないとした事例

2 原告・被告等

原告（反訴被告）	X（個人・発注者）
被告（反訴原告）	(有)Yハウジング（請負人）
裁判所	東京地裁 昭63年(ワ)12731号
判決年月日	平3.6.14 判決
関係条文	民法632条

3 判決主文

被告Yハウジングは原告Xに対し、金90万円及び年5分割合による金員を支払え。

原告Xは被告Yハウジングに対し、金495万2,910円及び年6分の割合による金員を支払え。

4 事案概要

原告X（発注者）は、自宅を新築するために本件土地を購入した。Xには、家族4人が各自の部屋を持てること、車庫を設けることなどの希望条件があり、被告Yハウジングと相談を重ねた。その結果、希望の建物を建築するとなれば、建築基準法違反になることを承知のうえ、XとYハウジングで本件請負契約を締結した。

本件建物の工事のうち、本件車庫については、乗用車の出入り可能かが問題となったが、Yハウジングは可能と判断して工事を続行した。しかし、実際に出来上がった本件車庫は、乗用車の入出庫ができなかった。

E. 瑕疵

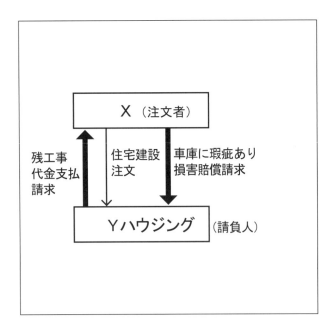

車庫に車が出入りできない瑕疵のある住宅

　Yハウジングは、Xに対して本件建物を引き渡した。Xは、本件建物には瑕疵があり、また、Yハウジングには契約約款上の損害賠償責任、債務不履行による損害賠償責任があるとして損害賠償請求し（本訴）、他方Yハウジングは、瑕疵はXの指示に基づくものであり瑕疵担保責任を負わない、本件工事は完成しXに引き渡されたとして、残工事代金の支払いを主張した（反訴）。

5 裁判所の判断

　被告Yハウジングが実施した本件建物の工事は、社会通念上最低限期待される性状を備えているものということはできず、瑕疵ある工事というべきである。原告Xは本件車庫の設置について強い希望を表明したと窺われるが、原告Xの指図により工事が行われたとはいえない。瑕疵による本件建物の価値の減少部分については、証拠がない。しかし、本件の事情の一切を考慮すれば慰藉料90万円の損害は認められる。

　他方、請負契約における仕事の完成とは、専ら請負工事が当初予定された最終の工程で一応終了し、建築された建物が社会通念上建物として完成されているかどうか、主要構造物部分が約定どおり施工されているかどうかを判断すべきものとし、最終の工程が終了し、建物として、使用できる段階に達し、独立の不動産として、登記能力を具え、保存登記され、引渡を受けて入居、使用していることから、建物として完成している。従って原告Xは被告Yハウジングに対して請負工事残代金を支払わなければならない。

6 判決の意義

　本件判決では、建設工事請負契約における仕事の完成は、専ら請負工事が当初予定された工程まで終了し建物が社会通年上建物として完成していること、主要構造部分が約定どおり施工されていることを基準として判断すべきとしている。

　建設工事請負契約における仕事の完成について、いわゆる「工程一応終了説」の立場を示した判例として理論的実務的に重要である。

E. 瑕疵

E-3 建築中の建物についての契約解除・土地明渡等請求控訴事件

1 事件内容

上棟式を経て外壁も備わり建物としての外観も一応整った建築途上の構築物について、契約の解除が認められた事例

2 控訴人、被控訴人等

控訴人	Y建設(株)(請負人)
被控訴人	X（注文者）
裁判所	東京高裁 平3（ネ）1540号
判決年月日	平3.10.21 民15部判決 一部変更（確定）
関係条文	民法415条、543条、635条

3 判決主文

控訴人は、被控訴人Xに対し、金50万円及びこれに対する平成元年4月28日から支払い済みまで年5分の割合による金員を支払え。

被控訴人らのその余の請求をいずれも棄却する。

4 事案概要

被控訴人Xと控訴人Y建設は、昭和62年5月17日工期120日、請負代金1,405万円とする建築請負契約を締結した。

Xは同月21日に内金として100万円を支払い、同年10月に建築確認を経て建築に着手し、同年11月に上棟式の時まで、建物の工事が進行していた。

上棟式の頃までに、柱材、壁の施工方法が設計と異なっていたことを始めとして、基礎工事の手抜きや設計図とは異なる施工や粗悪材料の使用、更には設計そのもののミスにより設計図通りには施工できない箇所が出る等の不都合が相次いだ。

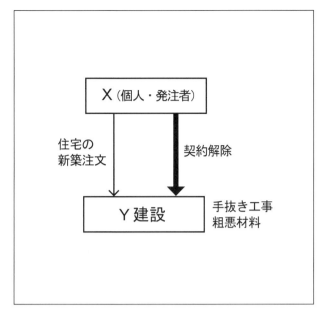

手抜き工事
粗悪材料による住宅

　Xは、その都度設計図通りの施工や改善を求めたが、改善は不十分であり、工事が進めば進むほど事態は悪化するばかりであった。ちなみに、住宅金融公庫の検査でさえ2回も不合格になるほどであった。

　Xは、本件建物建築請負契約を解除し、既支払代金の返還、建築途上の構築物の撤去、土地明渡しを求めた。

　原審は、本件建物建築請負契約の遡及的解除を認めた上、土地上の構築物の収去、土地明渡し等のXの主張をほぼ全面的に認めた。

　Y建設（株）は、本件工事を続行すれば、安全かつ快適な通常の住宅を建築することができるし、民法635条ただし書の趣旨によれば、本件建物建築請負契約は解除できないとして控訴した。

5　裁判所の判断

　本件構築物の工事を続行しても安全かつ快適な通常の住宅を建築することは不可能である。

　民法635条の規定は、仕事の目的物である建物等が社会的、経済的見地から判断して契約の目的に従った建物等として未完成である場合にまで、注文者が債務不履行の一般原則によって契約を解除することを禁じたものではない。

　本件構築物は、建築工事そのものが未完成である上に、本件建築物を現状のまま利用して、本件建物の建築工事を続行することは不適切であって、本件建物を本件契約の目的にしたがって完成させるためには、上部駆体を一旦解体した上で、更に地盤を整地し基礎を打ち直して再度建築するしかないのであるから、本件建築物の社会的経済的な価値は、再利用可能な建築資材としての価値を有するにすぎないものである。

E. 瑕疵

　基礎を打ち直して設計図通りに本件構築物を補修するためには金845万円もの費用を要するだけでなく、本件建物を本件契約の目的に従って完成させるためには、その後更に多額の費用を必要とすると認められることなどを総合して考慮すると、注文者である被控訴人は、債務不履行の一般原則に従い、民法415条後段により本件契約を解除することができる。

6 判決の意義

　本件は、建物建築請負契約に基づく建築工事が進行し、上棟式を経て外壁も備わり、建物としての外観も一応整った段階ではあるが、いまだ未完成であること、建築工事途上の建物に全体にわたって手抜き工事や回復しがたい施工ミスが見つかり修復は不可能であることを理由に、施工部分も含めた契約解除を民法415条後段に基づいて認めた事例である。

E-4 重大な瑕疵がある建物の建替えに関する費用相当額の損害賠償請求事件

1 事件内容

建築工事請負契約の目的物である建物に重大な瑕疵があるためこれを建て替えざるを得ない場合に、注文者が請負人に対し、建物の建て替えに要する費用相当額の損害賠償責任が認められた事例

2 上告人、被上告人等

上告人	Y建設(株)（請負人）
被上告人	X（注文者）
裁判所	最高裁 平14(受)605号
判決年月日	平14.9.24 第3小法廷判決 上告棄却
関係条文	民法635条ただし書

3 判決主文

上告を棄却する。

4 事案概要

被上告人Xは、上告人Y建設（請負人）に3世帯居住用の2階建て建物の建築を代金4,352万円で、注文した。

Y建設が建築した本件建物は、その全体にわたって極めて多数の欠陥箇所がある上、主要な構造部分に本件建物の安全性及び耐久性に重大な影響を及ぼす欠陥が存在するものであった。すなわち、建物全体の強度や安全性に著しく欠け、地震や台風などの振動や衝撃を契機として倒壊しかねない危険性を有するものとなっている。

このため、本件建物については、個々の継ぎはぎ的な補修によっては根本的な欠陥を除去することはできず、これを除去するためには、結局、技術的、経済的にみても、本件建物を

E. 瑕疵

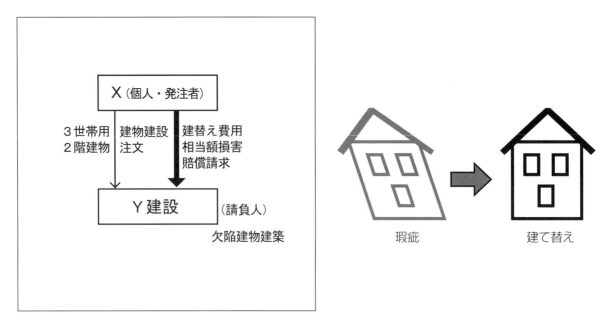

建て替えるほかはなかった。

　Y建設は、民法635条ただし書により、補修不能であるとしても建物については瑕疵の存在を理由に契約の解除をすることはできないのであるから、建て替え費用を損害として認めることは契約の解除以上のことを認める結果となるので許されず、損害賠償の額は、本件建物の客観的価値が減少したことによる損害とされるべきであると主張した。

　Xは、瑕疵担保責任等に基づき、建て替え費用等の損害賠償を請求した。

　一審、二審とも、本件建物には重大な瑕疵があり、建て直す必要があると判断し、瑕疵担保責任に基づき、建替え費用相当額の賠償をY建設に命じた。

5 裁判所の判断

　請負契約の目的物が建物その他土地の工作物である場合、目的物の瑕疵により契約の目的を達成することができないからといって契約の解除を認めるときは、何らかの利用価値があっても請負人は土地からその工作物を除去しなければならず、請負人にとって過酷で、かつ、社会経済的な損失も大きいことから、民法635条はそのただし書きにおいて、建物その他の工作物を目的とする請負契約については目的物の瑕疵によって契約を解除することはできないとした。

　しかし、請負人が建築した建物に重大な瑕疵があって建て替えるほかない場合に、当該建物を収去することは社会経済的に大きな損失をもたらすものではなく、また、そのような建物を建て替えてこれに要する費用を請負人に負担させることは、契約の履行責任に応じた損害賠償責任を負担させるものであって、請負人にとって過酷であるともいえないのであるから、建て替え費用に要する費用相当額の損害賠償請求をすることを認めても民法635条ただし書の規定の趣旨に反するものではない。

6 判決の意義

　本判決は、裁判例、学説が分かれていた論点について、最高裁判所として初めての判断を示したという点で意義がある。

　なお、法務省法制審議会で検討されていた民法改正案では、民法635条ただし書の規定は削除され、建設工事請負契約の瑕疵に基づく解除が認められることとされている。

E. 瑕疵

E-5 契約における約定に反した資材を使用した建物新築工事に関する請負代金請求事件

1 事件内容

本件は、約定に反した主柱を使用して建築された工事について、居住用建物としての安全性に問題がなくても瑕疵があるとされた事例である。

2 上告人、被上告人等

上告人	X（発注者）
被上告人	Y（請負人）
裁判所	最高裁判所　平15(受)377号
判決年月日	平15.10.10　第2小法廷判決　破棄差戻し
参照条文	民法634条

3 判決主文

原判決を破棄する。

本件を大阪高等裁判所に差し戻す。

4 事案概要

上告人Xは、D大学の学生向けのマンションを新築する工事を、被上告人Yに請け負わせた。Xは、本件建物が多数の者が居住する建物であり、特に、請負契約締結の時期が、平成7年1月7日に発生した阪神・淡路大震災によりD大学の学生がその下宿で倒壊した建物の下敷きになるなどして多数死亡した直後であつただけに、本件建物の安全性の確保に神経質となっていた。Xは、本件請負契約を締結するに際しYに対し、重量負荷を考慮して特に南棟の主柱については耐震性を高めるため当初の設計内容を変更し、断面の寸法300mm×300mmの鉄骨を使用することを求めた。Yは了承したもののこの約束に反し、Xの了解を得ないで構造計算上安全であることを理由として南棟の主柱に寸法250mm×250mmの鉄骨を使用して施

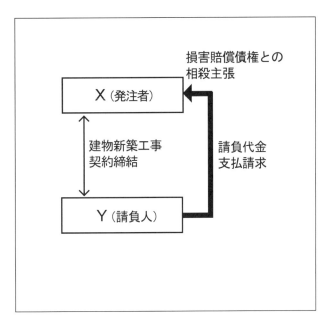

工、平成8年3月26日にXに引き渡し、請負残代金の支払を求めた。これに対し、Xは、建築された建物の主柱に係る工事に瑕疵があること等を主張し、瑕疵の修補に代わる損害賠償債権等と対等額で相殺するとして争った。

建築された建物の主柱に係る工事が、瑕疵になるのか否かが、主な争点となった。

原審は、Yには南棟の主柱に約定のものと異なり断面の寸法250mm×250mmの鉄骨を使用したという契約の違反があるが、使用された鉄骨であっても、構造計算上、居住用建物としての本件建物の安全性に問題はないから、南棟の主柱に係る本件工事に瑕疵があるということはできないと判示した。

5 裁判所の判断

本件請負契約においては、上告人X及び被上告人Y間で、本件建物の耐震性を高め耐震性の面でより安全性の高い建物にするため、南棟の主柱につき断面の寸法300mm×300mmの鉄骨を使用することが特に約定され、これが契約の重要な内容になっていたものというべきである。そうすると、この約定に反して同250mm×250mmの鉄骨を使用して施工された南棟の主柱の工事には、瑕疵があるものというべきである。

E. 瑕疵

6 判決の意義

　民法634条は、仕事の目的物に瑕疵が有るときは、注文者は、請負人に対し、相当の期間を定めて、その瑕疵の修補を請求することができる（1項本文）とし、また、瑕疵の修補に代えて、又はその修補とともに損害賠償の請求をすることができる（2項）と規定している。

　この条文は、請負契約の本質として、請負人は、あくまでも瑕疵のない仕事を完成させる債務を負っていると解されることから、請負人の担保責任は、材料の瑕疵・工作が不完全である場合などに適用されるものであるとされる。

　この「瑕疵」について、客観的に建物として瑕疵があったわけではないが、特約で特別の品質の材料による建築を約束していた場合で、その違反が認められるときに、瑕疵担保責任が成立するのかが問題にされた。

　本件は、構造計算上居住用建物としての本件建物の安全性に問題はなくとも、特に約定された鉄骨が契約の重要な内容になっていたものと認められる場合に、この約定に反した鉄骨を使用して施工された主柱の工事には、瑕疵があるものというべきと判示されたものであり、建設工事の瑕疵の認定を行うに当たって参考となる事例である。

E-6 建物の瑕疵修補に代わる損害賠償等請求本訴、請負残代金の支払請求反訴事件

1 事件内容

建物の瑕疵修補に代わる損害賠償又は不当利得の請求の本訴と、請負残代金の支払を求める反訴が提起されている場合において、請負人が反訴請求に係る請負残代金債権を自働債権とし、瑕疵修補に代わる損害賠償債権を受動債権として対等額で相殺することが認められた事例

2 上告人、被上告人等

上告人	X（請負人）
被上告人	Y（注文者）
裁判所	最高裁 平16(受)519号
判決年月日	平18．4．14 第2小法廷判決 破棄自判
参照条文	民法505条、民事訴訟法114条2項、142条、143条、146条

3 判決主文

判決を次のとおり変更する。

第1審判決を次のとおり変更する。

上告人らは、被上告人に対し、それぞれ327万2,076円及びこれに対する平成14年3月9日から支払済みまで年6分の割合による金員を支払え。

被上告人のその余の本訴請求を棄却する。訴訟の総費用は、これを5分し、その2を上告人らの負担とし、その余を被上告人の負担とする。

E. 瑕疵

4 事案概要

被上告人Yは、平成2年2月建築業を営む訴外Aとの間で、請負代金額を3億900万円として賃貸用マンション新築工事請負契約を締結した。その後、Yは、設計変更による追加工事をAに発注した（以下、追加工事を含めた契約を「本件請負契約」といい、追加工事を含めた工事を「本件工事」という。）。

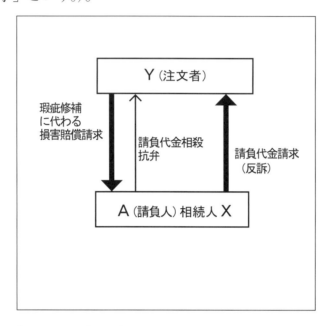

Aは、平成3年3月末までに本件工事を完成させ、完成した建物（以下「本件建物」という。）をYに引き渡した。

Yは、平成5年12月、Aに対し、本件建物に瑕疵があり瑕疵修補に代わる損害賠償又は不当利得の額5,304万円等の支払を求める本訴を提起した。

Aは、第1審係属中の平成6年1月、Yに対し、本件請負契約に基づく請負残代金の額2,418万円等の支払を求める反訴を提起した。

Aは、平成13年4月死亡し、その相続人である上告人X（相続人全員）がAの訴訟上の地位を承継した。Xは、平成14年3月の第1審口頭弁論期日において、Yに対し、反訴請求に係る請負残代金債権を自働債権とし、Yの瑕疵修補に代わる損害賠償債権を受働債権として、対当額で相殺する旨の意思表示（以下「本件相殺」という。）をした。

原審は、本件相殺により、Yの瑕疵修補に代わる損害賠償債権とXの請負残代金債権とが対当額で消滅した結果、YのXに対する損害賠償債権の額は654万円となり、Yは、Xに対して、それぞれ法定相続分割合に応じて327万円の損害賠償債務を負う一方、XのYに対する請負残代金債権は消滅したとした。

5 裁判所の判断

　係属中の別訴において訴訟物となっている債権を自働債権として他の訴訟において相殺の抗弁を主張することは、重複起訴を禁じた民訴法142条の趣旨に反し、許されない（最高裁昭和62年㈪第1385号平成3年12月17日第三小法廷判決・民集45巻9号1435頁）。

　しかし、本訴及び反訴が係属中に、反訴請求債権を自働債権とし、本訴請求債権を受働債権として相殺の抗弁を主張することは禁じられないと解するのが相当である。

　注文者の瑕疵修補に代わる損害賠償債権と請負人の請負代金債権とは民法634条2項により同時履行の関係に立つから、契約当事者の一方は、相手方から債務の履行又はその提供を受けるまで自己の債務の全額について履行遅滞による責任を負うものではなく、請負人が請負代金債権を自働債権として瑕疵修補に代わる損害賠償債権と相殺する旨の意思表示をした場合、請負人は、注文者に対する相殺後の損害賠償残債務について、相殺の意思表示をした日の翌日から履行遅滞による責任を負うと解される（最高裁平成5年㈪第1924号同9年2月14日第三小法廷判決・民集51巻2号337頁、最高裁平成5年㈪第2187号、同9年㈪第749号同年7月15日第三小法廷判決・民集51巻6号2581頁参照）。

　本件においては、Yの瑕疵修補に代わる損害賠償の支払を求める本訴に対し、Aが請負残代金の支払を求める反訴を提起したのであるが、Aの本件反訴は、請負残代金全額の支払を求めるものであって、本件反訴の提起が相殺の意思表示を含むと解することはできない。したがって、本件反訴の提起後にされた本件相殺の効果が生ずるのは相殺の意思表示がされた時というべきであるから、本件反訴状送達の日の翌日からXらの瑕疵修補に代わる損害賠償債務が遅滞に陥ると解すべき理由はない。

　以上によれば、Xらは、本件相殺の意思表示をした日の翌日である平成14年3月9日から瑕疵修補に代わる損害賠償残債務について履行遅滞による責任を負うものというべきである。

E. 瑕疵

6 判決の意義

　請負人は、建物の瑕疵修補に代わる損害賠償請求が認められることについての対策として、反訴請求に係る請負残代金債権を自働債権とし、瑕疵修補に代わる損害賠償債権を受動債権として対等額で相殺することを本訴請求の抗弁として主張した。これが、審理の重複による無駄を避けるためと複数の判決において互いに矛盾した既判力のある判断がされるのを防止するための訴訟手続上の制度である二重起訴の禁止（民事訴訟法142条）に抵触するかが争われた。

　本件においては、本訴及び反訴が係属中に、反訴請求債権を自働債権とし、本訴請求債権を受動債権とした相殺の抗弁は、本訴と反訴が同一審理で判断され判決に矛盾が生じることがないので、認められるとされた。

　また、履行遅滞におちいる時期については、原審は反訴の提起日としたが、請負人が請負代金債権を自働債権として瑕疵修補に代わる損害賠償債権と相殺する旨の意思表示をした場合、請負人は、注文者に対する相殺後の損害賠償残債務について、相殺の意思表示をした日の翌日から履行遅滞による責任を負うとするこれまでの最高裁判所平成9年7月15日判決等（注）に沿った見解が示されている。

（注）（公財）建設業適正取引推進機構編集「建設業の紛争と判例・仲裁判断事例」189頁参照　（株）大成出版社（2012年）

E-7 建物の瑕疵についての不法行為に基づく損害賠償請求事件

1 事件内容

建物の設計者、施工者又は工事監理者が、建築された建物の瑕疵により生命、身体又は財産を侵害された者に対し不法行為責任を負うとされた事例

2 上告人、被上告人等

上告人	X（建物所有者）
被上告人	Y1（設計監理者）、Y2（施工業者）
裁判所	最高裁 平17（受）702号・同平21（受）1019号
判決年月日	平19.7.6 第2小法廷判決 破棄差戻し（第1次） 平23.7.21 第1小法廷判決 破棄差戻し（第2次）
関係条文	民法709条

＊ 福岡高等裁判所平成24年1月10日、二回目差戻し控訴審判決（平成25年1月29日上告棄却により確定）

3 判決主文

（最高裁判所平成19年7月6日判決）

原判決のうち、上告人らの不法行為に基づく損害賠償請求に関する部分を破棄する。

前項の部分につき、本件を福岡高等裁判所に差し戻す。

（最高裁判所平成23年7月21日判決）

原判決を破棄する。

本件を福岡高等裁判所に差し戻す。

＊ 福岡高等裁判所平成24年1月10日判決：請求の一部を認め、本件被告ら（Y1、Y2）に約3,800万円の支払いを求めた。

E. 瑕疵

4 事案概要

本件は、9階建ての共同住宅・店舗として建築された建物をその建築主から購入した上告人Xが、当該建物には瑕疵があると主張して、上記建築の設計及び工事監理をした被上告人Y1に対して不法行為に基づく損害賠償を請求し、その施工をした被上告人Y2に対して、請負契約上の地位の譲受けを前提とした瑕疵担保責任に基づく瑕疵修補費用又は損害賠償を請求するとともに、不法行為に基づく損害賠償を請求した事案である。

訴外Aは、昭和63年8月本件土地を買い受け、同年10月Y2との間で本件建物につき工事代金を3億6,100万円（ただし、後に560万円が加算された。）とする建築請負契約（以下「本件請負契約」という。）を締結した。Y1は、本件建物の建築について、Aから設計及び工事監理の委託を受けた。本件建物は、平成2年2月に完成し、Y2は、同年3月Aに対し本件建物を引き渡した。

Xは、平成2年5月本件土地を代金1億4,999万円、本件建物を代金4億1,200万円で、Aから各々買い受けその引渡しを受けた。

本件建物は、本件土地上に建築された鉄筋コンクリート造り陸屋根9階建ての建物であるが、次の項目を含めた22箇所についての瑕疵の存在が争われた。

- a棟北側共用廊下及び南側バルコニーの建物と平行及び直行したひび割れ
- a棟1階駐車場ピロティのはり及び壁のひび割れ
- a棟外壁（廊下手すり並びに外壁北面及び南面）のひび割れ
- 鉄筋コンクリートのひび割れによる鉄筋の耐力低下

当該建物にはひび割れや鉄筋の耐力低下等の瑕疵があり、上記建築の設計及び工事監理をしたY1に対しては、不法行為に基づく損害賠償を請求し、その施工をしたY2に対しては、請負契約上の地位の譲受けを前提として瑕疵担保責任に基づく瑕疵修補費用又は損害賠

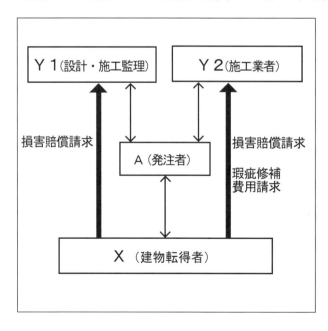

償を請求するとともに、不法行為に基づく損害賠償を請求するとXが主張したのに対して、Yは、Aから被上告人らに対し瑕疵担保責任を追及し得る契約上の地位をXは譲り受けていないし、本件建物の瑕疵について不法行為責任になるような強度の違法性があるとはいえないと主張した。

5 裁判所の判断

（第1次　最高裁判所平成19年7月6日判決）

　建物は、そこに居住する者、そこで働く者、そこを訪問する者等の様々な者によって利用されるとともに、当該建物の周辺には他の建物や道路等が存在しているから、建物は、これらの建物利用者や隣人、通行人等（以下、併せて「居住者等」という。）の生命、身体又は財産を危険にさらすことがないような安全性を備えていなければならず、このような安全性は、建物としての基本的な安全性というべきである。そうすると、建物の建築に携わる設計者、施工者及び工事監理者（以下、併せて「設計・施工者等」という。）は、建物の建築に当たり、契約関係にない居住者等に対する関係でも、当該建物に建物としての基本的な安全性が欠けることがないように配慮すべき注意義務を負うと解するのが相当である。そして、設計・施工者等がこの義務を怠ったために建築された建物に建物としての基本的な安全性を損なう瑕疵があり、それにより居住者等の生命、身体又は財産が侵害された場合には設計・施工者等は、不法行為の成立を主張する者が上記瑕疵の存在を知りながらこれを前提として当該建物を買い受けていたなど特段の事情がない限り、これによって生じた損害について不法行為による賠償責任を負うというべきである。居住者等が当該建物の建築主からその譲渡を受けた者であっても異なるところはない。

　原審は、瑕疵がある建物の建築に携わった設計・施工者等に不法行為責任が成立するのは、その違法性が強度である場合、例えば、建物の基礎や構造く体にかかわる瑕疵があり、社会公共的にみて許容し難いような危険な建物になっている場合等に限られるとして、本件建物の瑕疵について、不法行為責任を問うような強度の違法性があるとはいえないとする。しかし、建物としての基本的な安全性を損なう瑕疵がある場合には、不法行為責任が成立すると解すべきであって、違法性が強度である場合に限って不法行為責任が認められると解すべき理由はない。例えば、バルコニーの手すりの瑕疵であっても、これにより居住者等が通常の使用をしている際に転落するという、生命又は身体を危険にさらすようなものもあり得るのであり、そのような瑕疵があればその建物には建物としての基本的な安全性を損なう瑕疵があるというべきであって、建物の基礎や構造く体に瑕疵がある場合に限って不法行為責任が認められると解すべき理由もない。

　本件建物に建物としての基本的な安全性を損なう瑕疵があるか否か、ある場合にはそれに

E. 瑕疵

より上告人らの被った損害があるか等被上告人らの不法行為責任の有無について更に審理を尽くさせるため、本件を原審に差し戻すこととする。

・原審の判断（第2次　福岡高等裁判所平成21年2月6日判決）

　本件建物に建物としての基本的な安全性を損なう瑕疵が存在していたとは認められないと判断して、上告人の不法行為に基づく損害賠償請求を棄却すべきものとした。

・裁判所の判断（第2次　最高裁判所平成23年7月21日判決）

　第1次上告審判決にいう「建物としての基本的な安全性を損なう瑕疵」とは、居住者等の生命、身体又は財産を危険にさらすような瑕疵をいい、建物の瑕疵が、居住者等の生命、身体又は財産に対する現実的な危険をもたらしている場合に限らず、当該瑕疵の性質に鑑み、これを放置するといずれは居住者等の生命、身体又は財産に対する危険が現実化することになる場合には、当該瑕疵は、建物としての基本的な安全性を損なう瑕疵に該当すると解するのが相当である。

　以上の観点からすると、当該瑕疵を放置した場合に、鉄筋の腐食、劣化、コンクリートの耐力低下等を引き起こし、ひいては建物の全部又は一部の倒壊等に至る建物の構造耐力に関わる瑕疵はもとより、建物の構造耐力に関わらない瑕疵であっても、これを放置した場合に、例えば、外壁が剥落して通行人の上に落下したり、開口部、ベランダ、階段等の瑕疵により建物の利用者が転落したりするなどして人身被害につながる危険があるときや、漏水、有害物質の発生等により建物の利用者の健康や財産が損なわれる危険があるときには、建物としての基本的な安全性を損なう瑕疵に該当するが、建物の美観や居住者の居住環境の快適さを損なうにとどまる瑕疵は、これに該当しないものというべきである。

　そして、建物の所有者は、自らが取得した建物に建物としての基本的な安全性を損なう瑕疵がある場合には、第1次上告審判決にいう特段の事情がない限り、設計・施工者等に対し、当該瑕疵の修補費用相当額の損害賠償を請求することができるものと解され、上記所有者が、当該建物を第三者に売却するなどして、その所有権を失った場合であっても、その際、修補費用相当額の補填を受けたなど特段の事情がない限り、一旦取得した損害賠償請求権を当然に失うものではない。

　以上と異なる原審の判断には、法令の解釈を誤る違法があり、この違法が判決に影響を及ぼすことは明らかである。論旨は、上記の趣旨をいうものとして理由があり、原判決は破棄を免れない。そして、上記に説示した見地に立って、更に審理を尽くさせるため、本件を原審に差し戻すこととする。

　＊福岡高等裁判所平成24年1月10日判決（第3次控訴審判決）要旨

　法規（建築基準法等）の基準違反をそのまま当てはめるのでなく、基本的安全性の有無について実質的に検討するのが相当であり、瑕疵担保ではなく不法行為を理由とする請求では、瑕疵を生じるに至った業者らの故意過失の立証が必要であり、過失については瑕疵を回

避する具体的注意義務、及びこれを怠ったことについて立証がなされる必要があるとして、個別の瑕疵について審理し、「建物としての基本的な安全性を損なう瑕疵」であっても「故意過失の立証がない」ものには、賠償責任を認めなかった。

6 判決の意義

　Ｘは、契約関係がないＹ２に損害賠償請求するために、請負契約上の地位のＡからの譲受けを前提とした瑕疵担保責任に基づく損害賠償請求を行うとともに、不法行為に基づく損害賠償を請求したが、請負契約上の地位の譲受けについては裁判所はこれを認めなかったため、建物の瑕疵について不法行為に基づいた損害賠償が争われることとなった。

　建物の建築に携わる設計・施工者等が、建物の建築に当たり、契約関係にない居住者等に対する関係でも、建物としての基本的な安全性が欠けることがないように配慮すべき注意義務を怠ったために、建築された建物に安全性を損なう瑕疵があり、これにより居住者等の生命、身体又は財産が侵害された場合には、設計・施工者等は、不法行為による賠償責任を負うとし（第１次上告審）たうえで、「建物としての基本的な安全性を損なう瑕疵」とは、建物の瑕疵が、居住者等の生命、身体又は財産に対する「現実的な危険」をもたらしている場合に限らず、当該瑕疵の性質に鑑み、これを放置するといずれは居住者等の生命、身体又は財産に対する危険が現実化することになる場合であるとされた（第２次上告審）。

　建物の瑕疵について不法行為に基づいた損害賠償を理論的に広く認める判決であるが、個別の瑕疵については、「建物としての基本的な安全性を損なう瑕疵」であっても「故意過失の立証がない」ものには賠償責任を認めないとの結果（第三次控訴審判決確定）になっており、具体的事案についての結果の妥当性を図っている。

F．建設共同企業体（JV）

F．建設共同企業体（ＪＶ）

F-1 公営住宅の建設工事請負契約に関する建設共同企業体の構成員に対する売掛代金請求事件

1 事件内容

公営住宅の建設工事請負契約に関し、破産した構成員が負担すべき建設共同企業体の債務につき他の組合員に連帯責任を認めた事例

2 原告、被告等

原告	X商会(株)
被告	Y建設(株)
裁判所	東京地裁 平7(ワ)2728号
判決年月日	平9.2.27 民事12部判決 一部認容（控訴）
関係条文	民法667条、675条、商法502条、511条

3 判決主文

被告は、原告に対し、金129万円余及び年6分の割合による金員を支払え。

4 事案概要

被告Y建設は、訴外A建設と建設共同企業体（出資割合A建設60％、Y建設40％）を結成し、公営住宅工事を受注した。原告X商会は本件建設共同企業体に建設資材を売り、売買代金残債権として141万円の債権を有していた。

その後、Aが破産宣告を受けたので、X商会は債権の届出をしたが、一部しか配当を受けられなかったので、Y建設に対し残代金の請求をした。

X商会は、X商会との間で売買契約を締結する行為は、本件建設共同企業体の商行為であり、本件代金債務は商法511条1項により、構成員たるY建設が連帯債務を負担すると主張した。

Y建設は、本件建設共同企業体は民法上の組合であるから、Y建設は民法675条に基づき

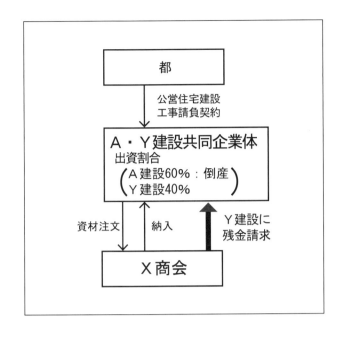

A・Y建設共同企業体
（A建設倒産）

分割責任を負うにすぎないと主張した。

5 裁判所の判断

　本件建設共同企業体は、商法502条2号にいう「他人の為にする加工に関する行為」を引き受ける行為を営業として行うことを目的とし、両会社をその構成員として結成したものであるから、商行為を営業として行うことを目的とする民法上の組合であり、その組合員がいずれも商人資格を有することは明らかである。そして、本件共同企業体が原告との間で売買契約を締結して目的商品の納入を受ける行為は、同組合の営業のためにする附属的商行為にほかならない。

　商行為を営業として行うことを目的とする組合が商行為によって債務を負担し、各組合員も商人の資格を有する本件のような場合には、商法511条1項の適用を肯定すべきであるから、被告Y建設及びA建設は、各自、本件代金について連帯債務を負担したものというべきである。

F．建設共同企業体（ＪＶ）

6 判決の意義

　本判決は、建設共同企業体が、多くの場合、大規模な工事を共同連帯して施工するため複数の単独企業により結成されるものであり、このような建設共同企業体から発注を受け、その工事現場に建設資材を納入する販売業者としては、特段の事情がない限り、個々の構成員よりは建設共同企業体としての経済的信用をより重視し、これを前提として取引を行うのが通例であることからすれば、組合員に分割責任の原則を徹底することは取引の安全を害することになりかねないということを実質的な理由として挙げており、建設共同企業体の本質について判示しているものである。

F-2 物流センター工事建設共同企業体に関する下請業者からの請負工事代金請求事件

1 事件内容

建設共同企業体の代表者でない構成員が下請契約を締結した場合において、建設共同企業体にも下請代金の支払義務が認められた事例

2 原告、被告等

原告	X1(株)、X2(株)(下請負人)
被告	Y1物流センター建設共同企業体（JV）、Y2建設、Y3建設
裁判所	東京地裁 平12(ワ)14336号
判決年月日	平14.2.13 民26部判決 認容（控訴）
関係条文	民法670、675条、商法511条

3 判決主文

被告ら（Y1建設共同企業体・Y2・Y3建設）は、原告（X1）に対し、連帯して1億1,627万円余及び利息を支払え。

被告ら（Y1建設共同企業体・Y2・Y3建設）は、原告（X2）に対し、連帯して2,204万円余及び利息を支払え。

4 事案概要

国から請け負った建設工事の一部を、外国企業である被告Y2及び同Y3並びに日本企業である訴外A建設の3社を構成員とする被告Y1物流センター建設共同企業体（JV）より請け負ったとする原告X1、同X2が、Y1建設共同企業体、Y2及びY3建設に対して、下請工事に係る請負代金の支払を請求した。A建設は、本件工事の完成前に倒産（和議申請、のちに民事再生手続申立）した。

X1、X2らに対する工事の注文書は、A建設の単独名義で発行されており、かつ従前の

F．建設共同企業体（ＪＶ）

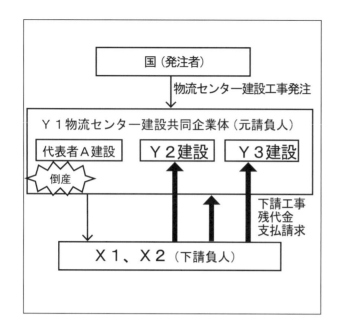
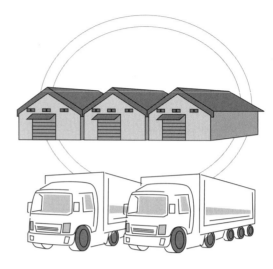

下請代金の支払もＡ建設が行っていたことから、Ｘ１、Ｘ２らが行った下請工事の注文者が、Ｙ１建設企業共同体であるか、Ａ建設であるかが争われた。

5 裁判所の判断

　被告Ｙ２及びＹ３建設は外国企業であり、日本で建設工事を行う物的設備、人的能力がほとんどなかったため、下請業者の選定、下請契約の締結、下請代金の支払等の業務をほぼ全面的にＡ建設にゆだねていた。建設共同企業体による工事の場合、下請業者に発行される注文書、請求書は、ＪＶのうちの１社（通常は代表者）の名義によるものがほとんどである。原告Ｘ２が提出した見積書は、いずれも建設共同企業体宛てに提出されている。原告Ｘ１に対する工事指示文書には被告Ｙ１建設共同企業体の名前が記載されていること等から、Ａ建設は、被告Ｙ１建設共同企業体内部の合意によって与えられた権限に基づいて、建設共同企業体のために原告らと本件下請契約を締結したものと認められ、原告らの行った本件工事の注文者は、被告Ｙ１建設共同企業体である。

　建設共同企業体は、民法上の組合の性質を有し、その債務については、連帯債務を負う。被告Ｙ２及びＹ３建設は、請負代金を連帯して支払うべき義務がある。

6 判決の意義

　建設共同企業体は、民法上の組合の性質を有するものであり、建設共同企業体の債務については、建設共同企業体の財産がその引き当てになるとともに、各構成員がその固有の財産をもって弁済すべき責任を負い、建設共同企業体の構成員が会社である場合には、会社が建設共同企業体を結成してその構成員として建設共同企業体の事業を行う行為は、会社の営業のためにする附属的商行為として、商法511条1項により、各構成員は建設共同企業体がその事業のために第三者に対して負担した債務につき、連帯債務を負うと解されている（最高裁判所平成10年4月14日判決）。

　本判決は、上記の通説・判例の立場を前提としつつ、建設共同企業体の代表者ではない構成員が、単独名義で注文書を発行し請負代金も支払っている場合において、当該構成員の会社に対し、下請契約の締結及び履行についての権限（代理権）を授与する旨の建設共同企業体内部における合意を認め、建設共同企業体にもその責任があるとしたものである。

G. 談合

G-1 官製談合に係る建設共同企業体構成員の損失分担金請求事件

1 事件内容

談合によって工事を受注した建設共同企業体が、赤字を計上した場合において、建設共同企業体の構成員の損失負担義務が認められた事例

2 原告、被告等

原告	X建設(株)(JV構成員)
被告	Y建設(株)(JV構成員)
裁判所	東京地裁 平18(ワ)22476号
判決年月日	平21.1.20 民45部判決 認容（確定）
関係条文	民法667条、674条

3 判決主文

被告は原告に対し、4,476万円及び年6分の割合による金員を支払え。

4 事案概要

原告X建設と被告Y建設は、平成14年11月、X建設が70％、Y建設が30％の出資割合で、B庁発注の米軍体育館の新築工事（以下「本件工事」という。）を共同連帯して施工するために建設共同企業体契約（以下「本件共同企業体契約」という。）を締結し、同共同企業体が請け負って完成させたが、費用が嵩み損失を蒙った。このため、X建設は、Y建設に対し、上記契約に従って損失の3割に相当する4,476万円の損失分担金の支払いを求めた。

X建設は、本件共同企業体契約及び本件建設共同企業体とB庁との工事の請負契約（以下これらの契約を「本件契約」という。）が官製談合を契機として締結され、受注過程における官製談合の合意が公序良俗に反するとしても、本件契約には受注価格や内容等に関して公序良俗に反するような事情はなく同契約は有効であると主張した。

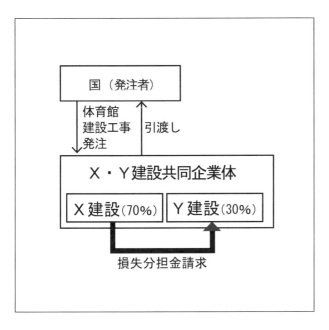
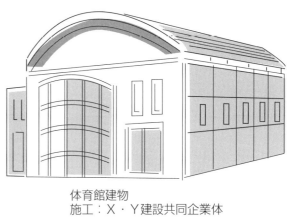

体育館建物
施工：X・Y建設共同企業体

　Y建設は、本件契約は、いわゆる官製談合を契機として締結したもので独占禁止法に違反し公序良俗に反するものであるから無効であり、本件共同企業体契約に基づく損失負担の合意の効力もない。また、X建設は、本件契約が談合を契機として行われたという重大な情報をY建設に提供する義務があったにもかかわらずこれを怠ってY建設に誤った意思決定をさせたものであり、Y建設に損失分担金を請求することは許されないと主張した。

5 裁判所の判断

　本件契約が、いわゆる官製談合を契機として締結されたものであるとしても、そのことによって、本件契約の内容が公序良俗に反する内容を含んでいるとは評価できない。

　被告Y建設は、本件工事が官製談合を契機として、その収支が赤字になる可能性があることを十分認識していながら、契約を締結したものと認められることから、原告X建設に情報提供義務はない。

　被告Y建設が原告X建設の損失回避義務違反によって損害を負ったことは認められないし、信義則上、原告X建設が被告Y建設に対して本件共同企業体契約に基づく損失分担を請求できないということはできない。

6 判決の意義

　いわゆる官製談合を契機とする建設共同企業体契約であっても、同契約や損失分担の合意は、公序良俗に反するとはいえないと判断された事例である。

H. 工事事故

H. 工事事故

H-1 孫請負人従業員の過失による事故についての元請負人に対する損害賠償請求事件

1 事件内容

共同住宅の工事現場における足場落下による事故に関し、孫請負人従業員の過失につき元請負人に使用者責任等が認められた事例

2 原告、被告等

原告	X（下請負人従業員）
被告	Y建設（元請負人）
裁判所	東京地裁　昭47年(ワ)9760号
判決年月日	昭50.12.24　判決　一部認容一部棄却（確定）
関係条文	民法709条、715条、722条

3 判決主文

被告は原告に対し、金200万円余及び年5分の割合による金員を支払え。

4 事案概要

昭和46年11月27日、Tハイツ工事現場（8階）において、孫請負人作業員Aの落下させた足場板が、その真下の4階の工事現場で配管工事をしていた下請負人の従業員である原告Xの左足に衝突し、骨折等の傷害を負わせた。Xは、下請負人（配管設備業者）の従業員、足場板を落下させたのは別の下請負人の孫請負人（型枠大工）の訴外従業員Aであった。

Xは被告Y建設に対し、元請負人Y建設には、Aの元請使用者として民法715条による使用者責任があり、Aに対する危険物の落下防止設備等の安全管理義務を怠った債務不履行責任があるとし、休業補償、逸失利益、慰謝料を請求した。

Y建設は、定期的な安全連絡会議の開催、危険箇所立入禁止措置等の安全管理義務は果たしており、8階で作業中にその真下で工事をしていたXに過失があるなどと主張した。

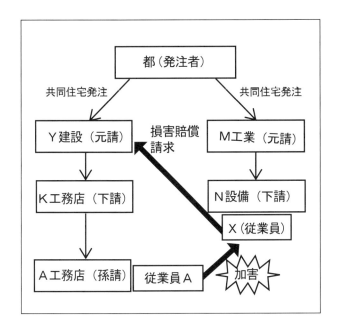
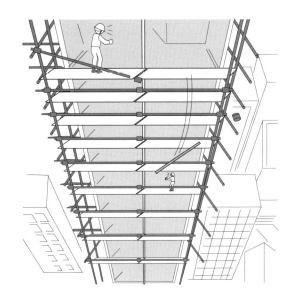

5 裁判所の判断

8階の工事現場で、Aが足場板を落下させたことは、元来連結固定が不完全であったところ、Aが連結状態を確認することなく、不用意に足を乗せたためその一端が支点からはずれたものと推認できる。この点において、注意義務を怠ったAの過失は明白である。

被告Y建設は、各下請業者及びその従業員に対し、工事施工及び安全保持の点について、具体的な指揮監督権を有し、本件工事現場において、躯体工事の下請業者、孫請業者は、被告Y建設の手足に等しく、被告Y建設と一体の関係にあった。してみれば、民法715条の適用に当たっては、被告の下請業者、孫請業者の従業員も、同条にいう「被用者」に当たるものと解するのが相当である。

原告Xが4階で配管作業をしていたこと自体を注意義務違反という意味での過失と見ることはできないが、上部階でコンクリート型枠解体作業が行われていることを承知しながら、原告Xは本件工事現場で自己の作業を進めていたのであるから、原告自身にも過失がある。原告Xの関与割合を2割とするのが適当である。

損害については、休業損害、慰謝料を認定した。逸失利益については、労働能力を回復しており、認定しなかった。Xの過失2割を相殺した。

6 判決の意義

　孫会社従業員の過失につき、同従業員は元請の手足に等しく、元請と一体関係にあったとして、元請会社に使用者責任を認めた事例である。

　被害者に注意義務違反はなかったが、その作業状況が事故発生に寄与したとして2割の過失相殺を認めた。この過失は、注意義務違反とは異なり、単なる不注意の程度、事故発生への客観的加担行為である。

H-2 下請負人従業員が受けた負傷事故についての下請負人及び元請負人に対する損害賠償請求事件

1 事件内容

下請負人の従業員が建築中の建物の外壁に立てかけていた鉄製パイプが、倒れて他の従業員を負傷させた事故について、下請負人の責任が認められ、元請負人の使用者責任が認められなかった事例

2 原告、被告等

原告	X（下請負人従業員）
被告	Y1（下請負人）、Y2建設(株)（元請負人）
裁判所	大阪地裁 昭56(ワ)4378号
判決年月日	昭60.3.1 判決 一部認容一部棄却（確定）
関係条文	民法715条

3 判決主文

被告Y1（下請負人）は、原告に対し、金113万円余及び利息を支払え。

原告の被告Y1に対するその余の請求並びに被告Y2建設に対する請求は、いずれも棄却する。

4 事案概要

原告Xは、建売住宅建築工事現場においてブロック塀の目地作業に従事中、建物の外壁に立てかけてあった鉄製角パイプ（長さ2.6m、重量7.6キロ）が倒れてきて後頭部に激突、前頭部をブロック塀に強く打ちつけ頭部打撲などの障害を受け、治癒の見込みのない後遺症を残した。パイプは、下請業者である被告Y1の従業員Aが外壁に立てかけていたものであった。

Aは建築請負業を営むY1の被用者であり、工事の作業中にパイプを立てかけたのである

H．工事事故

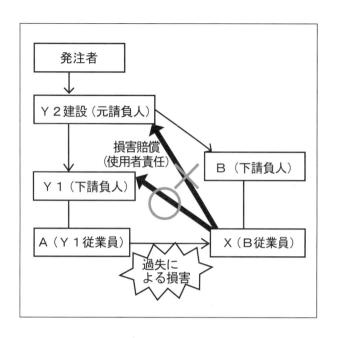
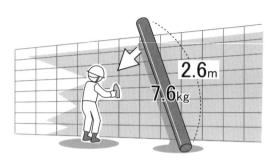

から、Y1は、民法715条により発生した損害の賠償責任を負い、被告Y2建設（元請負人）もY1を通じてAに対して実質的な指揮監督権を行使していたというべきであり「使用者」として損害の賠償義務を負うとして、Xは損害賠償を請求した。

Y2建設は、現場主任として従業員を派遣していたことは認めるが、現場主任の役割は工事内容の監理であり、工事の進行について具体的方針を立て、工事現場の安全を管理し、職人を指揮・監督するのは、各下請の業者が派遣している現場責任者であるなどと主張し、Xの請求を否定した。

5 裁判所の判断

Aは、近くで原告Xがブロック塀の築造工事に従事していることを容易に認識できた。Aは、パイプが人体に当たって傷害を負わせるような事故が発生することを未然に防止すべき注意義務があった。しかし、Aは適切な措置を講ずることなくパイプを立て掛けたのであるから、Aには注意義務違反の過失がある。

Aは、被告Y1の従業員であり、被告Y1の事業の執行につき本件事件を起こしたので、被告Y1はこれによって被った原告Xの損害を賠償する責任がある。被告Y2建設の現場主任は、自ら積極的に工事内容等について指揮し、監督するようなことはなかった。同現場に現地工事事務所のようなものは設置されていなかった。

以上によれば、被告Y2建設と被告Y1の間に使用者と被用者との関係と同視しうる関係があり、かつ被告Y2建設が「現場主任」を通じて、原告Aに対し直接、間接に指揮監督を及ぼしているものとは推認できない。よって、被告Y2建設がAの不法行為について民法715条の責任を負うということはできない。

6 判決の意義

　元請の使用者責任については、元請人が下請人に対し、工事上の指図をし、もしくはその監督の下に工事を施工させ、その関係が使用者と被用者の関係又はこれと同視しうる場合において、直接又は間接に元請人の指揮監督が及んでいるときになされた下請人やその被用者の行為のみが、元請人の事業の執行についてなされたものというべきである（最高裁判所昭和37年12月14日判決）とされている。この見解を根拠にして、本件判決は、下請の労災事故について元請の責任が追及される事例が多数ある中で、元請と下請従業員の使用者責任を否定した事例である。

H. 工事事故

H-3 労働者災害補償保険給付不支給処分取消請求事件

1 事件内容

作業場を持たずに一人で工務店の大工仕事に従事する形態で稼働していた大工が労働基準法及び労働者災害補償保険法上の労働者に当たらないとされた事例

2 上告人、被上告人等

上告人	X（大工）
被上告人	Y（労働基準監督署長）
裁判所	最高裁 平17（行ヒ）145号
判決年月日	平19.6.28 第1小法廷判決 棄却
参照条文	労働基準法9条・労働者災害補償保険法7条1項

3 判決主文

本件上告を棄却する。

4 事案概要

上告人Xは、作業場を持たずに1人で工務店の大工仕事に従事するという形態で稼働していた大工であり、A等の受注したマンションの建築工事について訴外Bが請け負っていた内装工事に従事していた際に負傷するという災害（以下「本件災害」という。）に遭った。

Xは、Bからの求めに応じて上記工事に従事していたが、仕事の内容について、仕上がりの画一性、均質性が求められることから、Bから寸法、仕様等につきある程度細かな指示を受けていたものの、具体的な工法や作業手順の指定を受けることはなく、自分の判断で工法や作業手順を選択することができた。

Xは、作業の安全確保や近隣住民に対する騒音、振動等への配慮から所定の作業時間に作業することを求められていたものの、事前にBの現場監督に連絡すれば、工期に遅れない限

り、仕事を休んだり、所定の時刻より後に作業を開始したり所定の時刻前に作業を切り上げたりすることも自由であった。

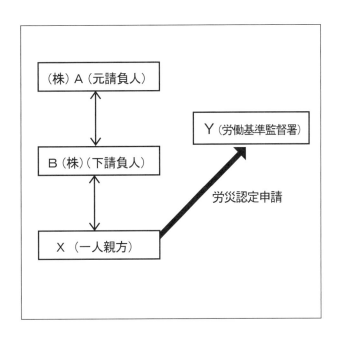

　Xは、当時B以外の仕事をしていなかったが、これは、Bが、Xを引きとどめておくために優先的に実入りの良い仕事を回し仕事がとぎれないようにするなど配慮し、X自身も、Bの下で長期にわたり仕事をすることを希望して内容に多少不満があってもその仕事を受けるようにしていたことによるものであって、Bは、Xに対し他の工務店等の仕事をすることを禁じていたわけではなかった。また、XがBの仕事を始めてから本件災害までに、約8か月しか経過していなかった。

　BとXとの報酬の取決めは、完全な出来高払の方式が中心とされ、日当を支払う方式は、出来高払の方式による仕事がないときに数日単位の仕事をするような場合に用いられていた。前記工事における出来高払の方式による報酬について、Xら内装大工はBから提示された報酬の単価につき協議し、その額に同意した者が工事に従事することとなっていた。Xは、いずれの方式の場合も、請求書によって報酬の請求をしていた。Xの報酬は、Bの従業員の給与よりも相当高額であった。

　Xは、一般的に必要な大工道具一式を自ら所有し、これらを現場に持ち込んで使用しており、XがBの所有する工具を借りて使用していたのは、当該工事においてのみ使用する特殊な工具が必要な場合に限られていた。

　Xは、Bの就業規則及びそれに基づく年次有給休暇や退職金制度の適用を受けず、また、Xは、国民健康保険組合の被保険者となっており、Bを事業主とする労働保険や社会保険の被保険者となっておらず、さらに、Bは、Xの報酬について給与所得に係る給与等として所得税の源泉徴収をする取扱いをしていなかった。

　Xは、Bの依頼により、職長会議に出席してその決定事項や連絡事項を他の大工に伝達す

H. 工事事故

るなどの職長の業務を行い、職長手当の支払を別途受けることとされていたが、上記業務は、Bの現場監督が不在の場合の代理として、BからXら大工に対する指示を取り次いで調整を行うことを主な内容とするものであり、大工仲間の取りまとめ役や未熟な大工への指導を行うという役割を期待してXに依頼されたものであった。

5 裁判所の判断

上告人は、前記工事に従事するに当たり、Aはもとより、Bの指揮監督の下に労務を提供していたものと評価することはできず、Bから上告人に支払われた報酬は、仕事の完成に対して支払われたものであって、労務の提供の対価として支払われたものとみることは困難であり、上告人の自己使用の道具の持込み使用状況、Bに対する専属性の程度等に照らしても、上告人は労働基準法上の労働者に該当せず、労働者災害補償保険法上の労働者にも該当しないものというべきである。上告人が職長の業務を行い、職長手当の支払を別途受けることとされていたことその他所論の指摘する事実を考慮しても、上記の判断が左右されるものではない。

6 判決の意義

本件判決は、Xが行った業務は、請負契約の履行として行われたものであり、Xは、労働基準法及び労働者災害補償保険法上の労働者ではないと最高裁が認定したものである。

本判決理由においては、雇用契約に基づく労働者と請負契約における請負人を区別するための要件、すなわち請負契約に基づく業務と認められるのに必要となる要件について、検討されている。この区分についての考え方は、雇用契約に基づく労働者と請負契約における請負人を区別するときのみならず、請負契約に基づいて行っていると思っている請負業務が、違法とされる労働者供給事業に実質的になっており、職業安定法違反や労働者派遣法違反であるといわれないようにするために、十分参考としなければならないものである。

請負事業を労働者供給事業から区別する基準は、職業安定法施行規則第4条に規定されているところであり、請負事業というためには、当該事業者が①作業の完成について事業主としての財務上及び法律上の全ての責任を負う者であること、②作業に従事する労働者を指揮監督するものであること、③作業に従事する労働者に対し、使用者として法律に規定された全ての義務を負うものであること、④自らの提供する機械、設備、器材（業務上必要となる簡単な工具を除く。）若しくはその作業に必要な材料、資材を使用し又は企画若しくは専門的は技術若しくは専門的は経験を必要とする作業を行うものであって、単に肉体的な労働力を提供するものでないことが必要である。（なお、これとは別に請負と労働者派遣の区別に

ついては、厚生労働省の「労働者派遣事業と請負により行われる事業との区分に関する基準を定める告示（昭和61・4・17労告37号・最終改正平成24・9・27厚労告518号）」で、定められている。）

　本件事例においては、Ｘは一人で工務店の大工仕事に従事するという形態で稼働する者（いわゆる「一人親方」）であるが、仕事の内容については自分の判断で工法や作業手順を選択することができたこと、事前に連絡すれば工期に遅れない限り仕事を休んだり所定の時刻より後に作業を開始したり所定の時刻前に作業を切り上げたりすることも自由であったこと、他の工務店等の仕事をすることを禁じられていなかったこと、報酬の取決めは完全な出来高払方式であったこと、必要な大工道具一式を自ら所有しこれらを現場に持ち込んで使用していること等の請負事業に該当するための要件となる事実について、最高裁判所が具体的に認定し、Ｘは建設工事の請負を行ったと判断したものである。

H. 工事事故

H-4 塔屋上の煙突からの転落死事件に係る損害賠償請求事件

1 事件内容

下請作業員が工事中の屋上煙突から転落死したことにつき、煙突からの転落防止措置を怠ったとしてビル所有者兼発注者及び元請業者に対する損害賠償請求が認められた事例

2 原告、被告等

原告	X1、X2、X3
被告	Y1（ビル所有者兼発注者）、Y2（元請業者）
裁判所	さいたま地裁 平21(ワ)772号
判決年月日	平23.8.26 判決
参照条文	民法709条、717条

3 判決主文

被告らは、原告X1に対し、連帯して、1,747万89円及びこれに対する平成18年4月1日から支払済みまで年5分の割合による金員を支払え。

被告らは、原告X2に対し、連帯して873万5,044円及びこれに対する平成18年4月1日から支払済みまで年5分の割合による金員を支払え。

被告らは、原告X3に対し、連帯して873万5,044円及びこれに対する平成18年4月1日から支払済みまで年5分の割合による金員を支払え。

原告らのその余の請求を棄却する。

4 事案概要

被告Y1は、本件ビルの壁面看板取替工事（以下「取替工事」という。）に関連して、被告Y2に看板目隠しシートの除去工事（以下「本件工事」という。）を発注し、さらに、Y2は、同工事を丁に発注し、その一部を訴外亡Aが下請けした。

平成18年4月1日午前0時30分ごろ、亡Aは塔屋（以下「本件塔屋」という。）の西壁面のシートを除去するための作業にあたり、煙突（以下「本件煙突」という。）内に転落、57メートル下の地下3階ボイラー室の床に墜落し死亡した（以下「本件事故」という。）。

本件ビルは、地上8階、地下3階建ての建物であり、屋上には、本件塔屋が設置されており、通常施錠され一般人が出入りできない。本件塔屋の屋上部分には、内部が空洞の本件煙突が設置されており57メートル下の地下3階のボイラー室までつながっている。本件煙突部分は、その外観、構造から煙突であることが一見して明らかではなく、本件事故当時煙突であることを示す表示もされておらず、内部に転落することを防止するための設備等は設置されていなかった。亡Aは、本件煙突部分にロープを水平に張った後墜落したが、転落した瞬間を目撃した者はいなかった。転落した際、亡Aは安全帯などを身につけていなかった。

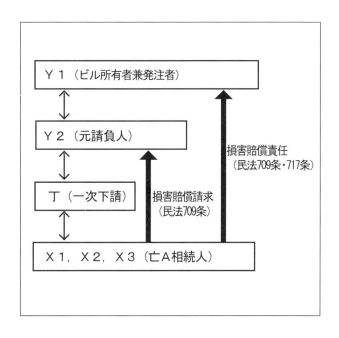

Y1は、本件煙突の設置又は保存についての瑕疵がある。また、本件工事の発注者として、本件工事について作業員が本件煙突から転落することを防止する措置を採るべきところ、これを怠った過失がある。Y2は、本件工事の具体的な作業方法について亡Aらに指示したりその方法について事前に確認することをしなかったのであるから、Y1と同様の過失があると、原告X1等が主張したのに対して、被告Y1及び被告Y2は次のように主張した。

本件事故は、亡Aの本件工事の作業遂行上必要性がなく通常予想し得ない異常な行動により生じたものであり、このような場合には、工作物の占有者等は、民法717条に基づく責任を負うものではない。

Y1は、本件事故当時、作業員が本件煙突に上ること、煙突内に転落することを予見することは不可能であり、結果回避可能性もなかった。

H．工事事故

　Y2は、本件事故の当時、本件煙突が煙突であることを認識しておらず、本件煙突に作業員が上ること、作業員が煙突内に転落することについて予見可能性がなかった。さらに、亡Aは個人事業主であって丁の従業員と同視することはできないから、Y2が亡Aに対し安全配慮義務を負うこともない。

5 裁判所の判断

　本件事故の当時、本件煙突は、内部が57メートル下の地下3階まで空洞となっているにもかかわらず、本件事故後に設置された鉄格子のような転落防止のための設備も設置されておらず、内部に転落すれば致命傷を負うことを免れない極めて危険な構造物であったということができる。そして、本件煙突部分は、壁面にフリンジが設置されており、容易に上部に上がることが可能である一方、その外観及び構造から見て煙突であることが一見して明らかであったとはいえず、その旨の表示もされていなかったことから、夜間本件煙突部分を煙突であると認識しないまま上部に上った者が内部に転落する危険性を包蔵していたものである。被告Y1は、本件ビルの所有者であり、本件ビルを占有、管理していたのであるから、本件煙突の有する上記危険性を当然認識していたと認められる。そして、本件煙突部分の設置された本件塔屋の屋上は、通常は施錠されており、一般人が出入りできない状態であったものの、本件工事に当たっては、本件塔屋の屋上で作業が行われることが予定されていたのであって、上記のような危険性を包蔵した作業環境における工事を発注する者としては、具体的な作業内容や作業の際の状況の如何によっては、そのような危険性が顕在化するおそれがあることを当然予見し得ることになるから、そのような危険な作業環境であることを受注者や作業員らに指摘して注意喚起すべき義務を負うことになるものというべきである。以上の観点から、被告Y1が、本件工事に当たり、本件煙突の有する上記危険性が顕在化するおそれがあることを予見し得たか否か検討する。

　本件工事は、取替工事に引き続いて、被告Y1の要望により追加されたものであり、4月1日の本件ビルの名称の変更に合わせるため深夜に行われることが予定されていた。しかも、本件工事のうち本件塔屋西壁面の除幕作業に関しては、取替工事の際に使用していた足場が撤去されたため、これを用いることができず、しかも西壁面にはゴンドラを設置する設備がなかったために、本件塔屋の屋上から作業用の縄梯子を垂らし、作業員がそれを伝い降りてネオンサインに近づき、それを覆っているシートを取り外すという方法で除幕作業を行う必要があり、そのために本件塔屋の屋上において作業することが予定されていた。また、被告Y1は、外形上、一見して煙突であるとは認識できず内部への転落防止措置も講じられていない本件煙突が設置されている本件塔屋の屋上において、上記のような条件で本件工事のための作業が行われることを認識していたが、具体的な作業の方法については、特段指示

したり事前に確認することはしておらず、作業の具体的方法については受注者や作業員らの合理的な裁量に委ねていた。このような本件工事の作業内容及び作業が行われる際の状況、殊に本件塔屋西壁面の除幕作業は、西壁面が鉄道線路に面していたために、終電から始発までの深夜に行うこととされ、しかも本件塔屋の屋上には特段の照明設備が設置されていなかったことなどから、屋上の周辺は非常に暗かったこと、取替工事の際に本件塔屋西壁に設置されていた足場は本件工事の直前に撤去されており、そのため亡Aを含む作業員らは本件塔屋屋上から縄梯子を垂らしそれを伝い降りてネオンサインに近づきそれを覆っているシートを取り外すという方法により除幕作業を行うことを余儀なくされていたこと、本件煙突はネオンサインが設置された本件塔屋西壁面のほぼ中央に位置しており、しかもその外観及び構造から見て煙突であることが一見して明らかであったとはいえず、それが煙突である旨の表示もされていなかったこと、被告Y1は本件工事の作業方法について特段の指示はしておらず、受注者や作業員らの合理的な裁量に委ねていたと考えられること、以上の事情を総合的に考慮すると、本件塔屋西壁面の除幕作業に際して、本件煙突の上述したような危険性が顕在化する客観的かつ合理的な可能性があったと認めるのが相当である。さらに、これらの事情のほとんどは被告Y1の発注内容に起因するものであり、そうでないものも、本件ビルの所有者兼占有者である被告Y1において当然知り得る事柄である。以上によれば、被告Y1としては、作業員が本件塔屋の屋上で本件工事を施工する際に本件煙突部分を煙突であると認識しないまま上部に上ることにより、その内部に転落する危険性があることを予見し得たと認めるのが相当であり、そうである以上被告Y1は、本件工事の発注者として、本件塔屋に本件煙突が存在しその内部が空洞となっていて転落の危険があることを知らせるなどして、受注者や作業員らに対して注意を喚起すべき注意義務を負っていたと認められる。しかるに被告Y1は、そのような注意喚起を行うことなく、漫然と本件工事を発注したというのであるから、亡Aに対し民法709条に基づく不法行為責任を免れないものというべきである。

　被告Y2は、本件工事を被告Y1から受注し、さらに同工事を丁に発注したところ、丁や亡Aに対して、具体的な作業方法について指示したり事前に確認するなどせず、本件塔屋に本件煙突が存在することを知らせるなどして注意喚起することもしなかった。

　この点について、被告Y2は、本件煙突が煙突であることを認識していなかったことを根拠として、亡Aに対して注意義務を負うものではない旨主張する。しかし、被告Y2は、本件工事に関して、作業を行う時間帯や概括的な工事内容、条件等についても、丁や作業員らに対して何らの指示もしておらず、これらの指示は全て被告Y1が直接行っていたのであるから、本件工事に関する作業環境の設定についても、被告Y1に包括的に委ねていたと認められる。そして、本件塔屋が、本件煙突内部に転落する危険性を包蔵する作業環境であったことは上記認定のとおりであるところ、被告Y2は、作業方法の指示や作業場所についての注意喚起などの作業環境の設定を発注者である被告Y1に包括的に委ねて、自身では全くこ

H．工事事故

れを行っていなかったというのであるから、本件煙突が煙突であることを認識していなかったとしても、そのことをもって、本件事故についての過失責任を免れることはできないというべきである。したがって、被告Y2は、被告Y1と同様に、本件事故について亡Aに対し民法709条に基づき不法行為責任を負い、両者は共同不法行為を構成すると認められる。

亡Aは看板の作成や設置等を業とする個人事業主であり、被告Y2の下請けである丁から、取替工事及び本件工事の一部を下請けした。取替工事及び本件工事において、亡Aは、丁から下請けをした作業員らの中で職長的な立場にあり、被告らは、具体的な作業方法については指示をせず、丁や亡Aらの裁量に委ねていた。そして、工事の受注者は、当該工事を行うに当たり、作業現場の状況や当該作業の安全性について自ら確認をした上で作業に当たることが要請されるというべきであり、亡Aについても、上記立場にあったことや、従前、同種看板設置等について25年の経歴を有していたことからして、本件工事の際に、十分に上記注意を払って作業に当たることが要請されてしかるべきところ、亡Aは、本件塔屋西壁面の除幕作業を縄梯子を使って行うことになり、そのために本件塔屋屋上で作業を行わなければならないことが分かった後も、その機会があったにもかかわらず事前に日没前に本件塔屋屋上の様子を確認するなどせず、本件煙突部分の上部に上る際に、スポットライトの照射範囲から外れ本件塔屋床面から2メートル余りの高さがあるにもかかわらず、懐中電灯を携帯するなどして本件煙突部分上部の状況を確認した形跡がないのであるから、本件事故について上記作業現場の状況確認及び作業の際の安全確認をすべき義務を怠った過失があると認められる。

6 判決の意義

　本件は、工事事故について、建設工事請負契約の発注者は、具体的な作業内容や作業状況の如何によっては、危険な作業環境であることを受注者や作業員らに指摘する注意義務違反を負うとされ、民法709条の損害賠償責任が課せられた事例として注目される。

　また、元請負人（Ｙ２）は、一次下請人丁や亡Ａに対して具体的な作業方法について指示したり事前に確認するなどせず、本件塔屋に本件煙突が存在することについて注意喚起することもせず、むしろ本件煙突が煙突であることも認識していなかったとされ、逆に亡Ａは、看板の作成や設置等を業とする個人事業主であり、本件工事において、丁から下請けをした作業員らの中で職長的な立場にあり、具体的な作業方法についてはその裁量に委ねられていたとされる。このような事実関係のもとで、元請負人（Ｙ２）が、本件煙突が煙突であることすら認識していなかったことを注意義務違反とすることにより、同法709条の不法行為責任が認められるとされた事例であり、工事事故について元請負人の責任を問う場合に、民法715条の使用者責任に基づく損害賠償請求をめぐる争いとなることが多いなかで、直接同法709条の不法行為責任が争われた事例として参考になる。

＊発注者に民法717条の工作物責任が認められた事例として、福岡地方裁判所昭和56年９月８日判決（注；「建設業の紛争と判例・仲裁判断事例」338頁参照）があり、また元請負人の使用者責任については、東京地方裁判所昭和50年12月24日判決（注；本書Ｈ－１に掲載の事例）等がある。

- ●民法（明治29年4月27日　法律第89号）　112
- ●会社法（平成17年7月26日　法律第86号）　118
- ●商法（明治32年3月9日　法律第48号）　118
- ●民事訴訟法（平成8年6月26日　法律第109号）　119
- ●労働基準法（昭和22年4月7日　法律第49号）　120
- ●労働者災害補償保険法（昭和22年4月7日　法律第50号）　120
- ●職業安定法施行規則（昭和22年12月29日　労働省令第12号）　120
- ●労働者派遣事業と請負により行われる事業との区分に関する基準を定める告示
　　　　　　　　　　　　　（昭和61年4月17日　労働省告示第37号）　121
- ●地方自治法（昭和22年4月17日　法律第67号）　123
- ●民法の一部を改正する法律案（平成27年3月31日　第189国会提出）　124
- ●建設業判例30選索引（項目順）　127
- ●建設業判例30選索引（年月順）　128
- ●建設業判例30選索引（元下関係）　129

参考資料

●民法

〔明治29年4月27日　法律第89号〕

最終改正　平成25年12月11日法律第94号

○総則

(基本原則)

第1条　私権は、公共の福祉に適合しなければならない。

2　権利の行使及び義務の履行は、信義に従い誠実に行わなければならない。

3　権利の濫用は、これを許さない。

(法人の不法行為能力等)

旧第44条　法人は、理事その他の代理人がその職務を行うについて他人に加えた損害を賠償する責任を負う。

(公序良俗)

第90条　公の秩序又は善良の風俗に反する事項を目的とする法律行為は、無効とする。

(虚偽表示)

第94条　相手方と通じてした虚偽の意思表示は、無効とする。

2　前項の規定による意思表示の無効は、善意の第三者に対抗することができない。

(条件が成就した場合の効果)

第127条　停止条件付法律行為は、停止条件が成就した時からその効力を生ずる。

2　解除条件付法律行為は、解除条件が成就した時からその効力を失う。

3　当事者が条件が成就した場合の効果をその成就した時以前にさかのぼらせる意思を表示したときは、その意思に従う。

(期限の到来の効果)

第135条　法律行為に始期を付したときは、その法律行為の履行は、期限が到来するまで、これを請求することができない。

2　法律行為に終期を付したときは、その法律行為の効力は、期限が到来した時に消滅する。

(時効の中断事由)

第147条　時効は、次に掲げる事由によって中断する。

　一　請求

　二　差押え、仮差押え又は仮処分

　三　承認

(催告)

第153条　催告は、六箇月以内に、裁判上の請求、支払督促の申立て、和解の申立て、民事調停法若しくは家事審判法による調停の申立て、破産手続参加、再生手続参加、更生手続参加、差押え、仮差押え又は仮処分をしなければ、時効の中断の効力を生じない。

○先取特権

（物上代位）

第304条 先取特権は、その目的物の売却、賃貸、滅失又は損傷によって債務者が受けるべき金銭その他の物に対しても、行使することができる。ただし、先取特権者は、その払渡し又は引渡しの前に差押えをしなければならない。

2　債務者が先取特権の目的物につき設定した物権の対価についても、前項と同様とする。

（種苗又は肥料の供給の先取特権）

第322条 種苗又は肥料の供給の先取特権は、種苗又は肥料の代価及びその利息に関し、その種苗又は肥料を用いた後一年以内にこれを用いた土地から生じた果実（蚕種又は蚕の飼養に供した桑葉の使用によって生じた物を含む。）について存在する。

○債務不履行

（履行期と履行遅滞）

第412条 債務の履行について確定期限があるときは、債務者は、その期限の到来した時から遅滞の責任を負う。

2　債務の履行について不確定期限があるときは、債務者は、その期限の到来したことを知った時から遅滞の責任を負う。

3　債務の履行について期限を定めなかったときは、債務者は、履行の請求を受けた時から遅滞の責任を負う。

（債務不履行による損害賠償）

第415条 債務者がその債務の本旨に従った履行をしないときは、債権者は、これによって生じた損害の賠償を請求することができる。債務者の責めに帰すべき事由によって履行をすることができなくなったときも、同様とする。

（損害賠償の範囲）

第416条 債務の不履行に対する損害賠償の請求は、これによって通常生ずべき損害の賠償をさせることをその目的とする。

2　特別の事情によって生じた損害であっても、当事者がその事情を予見し、又は予見することができたときは、債権者は、その賠償を請求することができる。

（損害賠償の方法）

第417条 損害賠償は、別段の意思表示がないときは、金銭をもってその額を定める。

○債権の譲渡

（債権の譲渡性）

第466条 債権は、譲り渡すことができる。ただし、その性質がこれを許さないときは、この限りでない。

2　前項の規定は、当事者が反対の意思を表示した場合には、適用しない。ただし、その意思表示は、善意の第三者に対抗することができない。

（指名債権の譲渡の対抗要件）

第467条 指名債権の譲渡は、譲渡人が債務者に通知をし、又は債務者が承諾をしなければ、債務者その他の第三者に対抗することができない。

参考資料

2　前項の通知又は承諾は、確定日付のある証書によってしなければ、債務者以外の第三者に対抗することができない。

　　（指名債権の譲渡における債務者の抗弁）

第468条　債務者が異議をとどめないで前条の承諾をしたときは、譲渡人に対抗することができた事由があっても、これをもって譲受人に対抗することができない。この場合において、債務者がその債務を消滅させるために譲渡人に払い渡したものがあるときはこれを取り戻し、譲渡人に対して負担した債務があるときはこれを成立しないものとみなすことができる。

2　譲渡人が譲渡の通知をしたにとどまるときは、債務者は、その通知を受けるまでに譲渡人に対して生じた事由をもって譲受人に対抗することができる。

○弁済

　　（第三者の弁済）

第474条　債務の弁済は、第三者もすることができる。ただし、その債務の性質がこれを許さないとき、又は当事者が反対の意思を表示したときは、この限りでない。

2　利害関係を有しない第三者は、債務者の意思に反して弁済をすることができない。

○相殺

　　（相殺の要件等）

第505条　二人が互いに同種の目的を有する債務を負担する場合において、双方の債務が弁済期にあるときは、各債務者は、その対当額について相殺によってその債務を免れることができる。ただし、債務の性質がこれを許さないときは、この限りでない。

2　前項の規定は、当事者が反対の意思を表示した場合には、適用しない。ただし、その意思表示は、善意の第三者に対抗することができない。

　　（相殺の方法及び効力）

第506条　相殺は、当事者の一方から相手方に対する意思表示によってする。この場合において、その意思表示には、条件又は期限を付することができない。

2　前項の意思表示は、双方の債務が互いに相殺に適するようになった時にさかのぼってその効力を生ずる。

○契約の効力等

　　（同時履行の抗弁）

第533条　双務契約の当事者の一方は、相手方がその債務の履行を提供するまでは、自己の債務の履行を拒むことができる。ただし、相手方の債務が弁済期にないときは、この限りでない。

　　（債務者の危険負担等）

第536条　前二条に規定する場合を除き、当事者双方の責めに帰することができない事由によって債務を履行することができなくなったときは、債務者は、反対給付を受ける権利を有しない。

2　債権者の責めに帰すべき事由によって債務を履行することができなくなったときは、債務者は、反対給付を受ける権利を失わない。この場合において、自己の債務を免れたことによって利益を得たときは、これを債権者に償還しなければならない。

（履行遅滞等による解除権）
第541条　当事者の一方がその債務を履行しない場合において、相手方が相当の期間を定めてその履行の催告をし、その期間内に履行がないときは、相手方は、契約の解除をすることができる。
（履行不能による解除権）
第543条　履行の全部又は一部が不能となったときは、債権者は、契約の解除をすることができる。ただし、その債務の不履行が債務者の責めに帰することができない事由によるものであるときは、この限りでない。

○売買

（売買の一方の予約）
第556条　売買の一方の予約は、相手方が売買を完結する意思を表示した時から、売買の効力を生ずる。
2　前項の意思表示について期間を定めなかったときは、予約者は、相手方に対し、相当の期間を定めて、その期間内に売買を完結するかどうかを確答すべき旨の催告をすることができる。この場合において、相手方がその期間内に確答をしないときは、売買の一方の予約は、その効力を失う。
（買戻権の代位行使）
第582条　売主の債権者が第423条の規定により売主に代わって買戻しをしようとするときは、買主は、裁判所において選任した鑑定人の評価に従い、不動産の現在の価額から売主が返還すべき金額を控除した残額に達するまで売主の債務を弁済し、なお残余があるときはこれを売主に返還して、買戻権を消滅させることができる。

○雇用

（雇用）
第623条　雇用は、当事者の一方が相手方に対して労働に従事することを約し、相手方がこれに対してその報酬を与えることを約することによって、その効力を生ずる。

○請負

（請負）
第632条　請負は、当事者の一方がある仕事を完成することを約し、相手方がその仕事の結果に対してその報酬を支払うことを約することによって、その効力を生ずる。
（報酬の支払時期）
第633条　報酬は、仕事の目的物の引渡しと同時に、支払わなければならない。ただし、物の引渡しを要しないときは、第624条第1項の規定を準用する。
（請負人の担保責任）
第634条　仕事の目的物に瑕疵があるときは、注文者は、請負人に対し、相当の期間を定めて、その瑕疵の修補を請求することができる。ただし、瑕疵が重要でない場合において、その修補に過分の費用を要するときは、この限りでない。
2　注文者は、瑕疵の修補に代えて、又はその修補とともに、損害賠償の請求をすることができる。この場合においては、第533条の規定を準用する。

第635条　仕事の目的物に瑕疵があり、そのために契約をした目的を達することができないときは、注文者は、契約の解除をすることができる。ただし、建物その他の土地の工作物については、この限りでない。

（請負人の担保責任の存続期間）

第637条　前三条の規定による瑕疵の修補又は損害賠償の請求及び契約の解除は、仕事の目的物を引き渡した時から一年以内にしなければならない。

2　仕事の目的物の引渡しを要しない場合には、前項の期間は、仕事が終了した時から起算する。

第638条　建物その他の土地の工作物の請負人は、その工作物又は地盤の瑕疵について、引渡しの後五年間その担保の責任を負う。ただし、この期間は、石造、土造、れんが造、コンクリート造、金属造その他これらに類する構造の工作物については、十年とする。

2　工作物が前項の瑕疵によって滅失し、又は損傷したときは、注文者は、その滅失又は損傷の時から一年以内に、第634条の規定による権利を行使しなければならない。

（注文者による契約の解除）

第641条　請負人が仕事を完成しない間は、注文者は、いつでも損害を賠償して契約の解除をすることができる。

○委任

（委任）

第643条　委任は、当事者の一方が法律行為をすることを相手方に委託し、相手方がこれを承諾することによって、その効力を生ずる。

（受任者の注意義務）

第644条　受任者は、委任の本旨に従い、善良な管理者の注意をもって、委任事務を処理する義務を負う。

（準委任）

第656条　この節の規定は、法律行為でない事務の委託について準用する。

○寄託

（寄託）

第657条　寄託は、当事者の一方が相手方のために保管をすることを約してある物を受け取ることによって、その効力を生ずる。

○組合

（組合契約）

第667条　組合契約は、各当事者が出資をして共同の事業を営むことを約することによって、その効力を生ずる。

2　出資は、労務をその目的とすることができる。

（業務の執行の方法）

第670条　組合の業務の執行は、組合員の過半数で決する。

2　前項の業務の執行は、組合契約でこれを委任した者（次項において「業務執行者」という。）が数人あるときは、その過半数で決する。

3　組合の常務は、前二項の規定にかかわらず、各組合員又は各業務執行者が単独で行うことができる。ただし、その完了前に他の組合員又は業務執行者が異議を述べたときは、この限りでない。

(組合員の損益分配の割合)

第674条　当事者が損益分配の割合を定めなかったときは、その割合は、各組合員の出資の価額に応じて定める。

2　利益又は損失についてのみ分配の割合を定めたときは、その割合は、利益及び損失に共通であるものと推定する。

(組合員に対する組合の債権者の権利の行使)

第675条　組合の債権者は、その債権の発生の時に組合員の損失分担の割合を知らなかったときは、各組合員に対して等しい割合でその権利を行使することができる。

○不法行為

(不法行為による損害賠償)

第709条　故意又は過失によって他人の権利又は法律上保護される利益を侵害した者は、これによって生じた損害を賠償する責任を負う。

(財産以外の損害の賠償)

第710条　他人の身体、自由若しくは名誉を侵害した場合又は他人の財産権を侵害した場合のいずれであるかを問わず、前条の規定により損害賠償の責任を負う者は、財産以外の損害に対しても、その賠償をしなければならない。

(使用者等の責任)

第715条　ある事業のために他人を使用する者は、被用者がその事業の執行について第三者に加えた損害を賠償する責任を負う。ただし、使用者が被用者の選任及びその事業の監督について相当の注意をしたとき、又は相当の注意をしても損害が生ずべきであったときは、この限りでない。

2　使用者に代わって事業を監督する者も、前項の責任を負う。

3　前2項の規定は、使用者又は監督者から被用者に対する求償権の行使を妨げない。

(土地の工作物等の占有者及び所有者の責任)

第717条　土地の工作物の設置又は保存に瑕疵があることによって他人に損害を生じたときは、その工作物の占有者は、被害者に対してその損害を賠償する責任を負う。ただし、占有者が損害の発生を防止するのに必要な注意をしたときは、所有者がその損害を賠償しなければならない。

2　前項の規定は、竹木の栽植又は支持に瑕疵がある場合について準用する。

3　前2項の場合において、損害の原因について他にその責任を負う者があるときは、占有者又は所有者は、その者に対して求償権を行使することができる。

(共同不法行為者の責任)

第719条　数人が共同の不法行為によって他人に損害を加えたときは、各自が連帯してその損害を賠償する責任を負う。共同行為者のうちいずれの者がその損害を加えたかを知ることができないときも、同様とする。

2　行為者を教唆した者及び幇助した者は、共同行為者とみなして、前項の規定を適用する。

(損害賠償の方法及び過失相殺)

第722条　第417条の規定は、不法行為による損害賠償について準用する。

●会社法

〔平成17年7月26日〕
〔法律第86号〕
最終改正　平成26年6月27日法律第90号

（役員等の第三者に対する損害賠償責任）
第429条　役員等がその職務を行うについて悪意又は重大な過失があったときは、当該役員等は、これによって第三者に生じた損害を賠償する責任を負う。

●商法

〔明治32年3月9日〕
〔法律第48号〕
最終改正　平成26年6月27日法律第91号

（営業的商行為）
第502条　次に掲げる行為は、営業としてするときは、商行為とする。ただし、専ら賃金を得る目的で物を製造し、又は労務に従事する者の行為は、この限りでない。
　一　賃貸する意思をもってする動産若しくは不動産の有償取得若しくは賃借又はその取得し若しくは賃借したものの賃貸を目的とする行為
　二　他人のためにする製造又は加工に関する行為
　三　電気又はガスの供給に関する行為
　四　運送に関する行為
　五　作業又は労務の請負
　六　出版、印刷又は撮影に関する行為
　七　客の来集を目的とする場屋における取引
　八　両替その他の銀行取引
　九　保険
　十　寄託の引受け
　十一　仲立ち又は取次ぎに関する行為
　十二　商行為の代理の引受け
　十三　信託の引受け

（多数当事者間の債務の連帯）
第511条　数人の者がその一人又は全員のために商行為となる行為によって債務を負担したときは、その債務は、各自が連帯して負担する。
2　保証人がある場合において、債務が主たる債務者の商行為によって生じたものであるとき、又は保証が商行為であるときは、主たる債務者及び保証人が各別の行為によって債務を負担したときであっても、その債務は、各自が連帯して負担する。

●民事訴訟法

〔平成８年６月26日〕
〔法　律　第 109 号〕
最終改正　平成24年５月８日法律第30号

（既判力の範囲）
第114条　確定判決は、主文に包含するものに限り、既判力を有する。
2　相殺のために主張した請求の成立又は不成立の判断は、相殺をもって対抗した額について既判力を有する。

（重複する訴えの提起の禁止）
第142条　裁判所に係属する事件については、当事者は、更に訴えを提起することができない。

（訴えの変更）
第143条　原告は、請求の基礎に変更がない限り、口頭弁論の終結に至るまで、請求又は請求の原因を変更することができる。ただし、これにより著しく訴訟手続を遅滞させることとなるときは、この限りでない。
2　請求の変更は、書面でしなければならない。
3　前項の書面は、相手方に送達しなければならない。
4　裁判所は、請求又は請求の原因の変更を不当であると認めるときは、申立てにより又は職権で、その変更を許さない旨の決定をしなければならない。

（反訴）
第146条　被告は、本訴の目的である請求又は防御の方法と関連する請求を目的とする場合に限り、口頭弁論の終結に至るまで、本訴の係属する裁判所に反訴を提起することができる。ただし、次に掲げる場合は、この限りでない。
　一　反訴の目的である請求が他の裁判所の専属管轄（当事者が第11条の規定により合意で定めたものを除く。）に属するとき。
　二　反訴の提起により著しく訴訟手続を遅滞させることとなるとき。
2　本訴の係属する裁判所が第６条第１項各号に定める裁判所である場合において、反訴の目的である請求が同項の規定により他の裁判所の専属管轄に属するときは、前項第１号の規定は、適用しない。
3　日本の裁判所が反訴の目的である請求について管轄権を有しない場合には、被告は、本訴の目的である請求又は防御の方法と密接に関連する請求を目的とする場合に限り、第１項の規定による反訴を提起することができる。ただし、日本の裁判所が管轄権の専属に関する規定により反訴の目的である請求について管轄権を有しないときは、この限りでない。
4　反訴については、訴えに関する規定による。

（自由心証主義）
第247条　裁判所は、判決をするに当たり、口頭弁論の全趣旨及び証拠調べの結果をしん酌して、自由な心証により、事実についての主張を真実と認めるべきか否かを判断する。

参考資料

●労働基準法

〔昭和22年4月7日〕
〔法　律　第　49　号〕

最終改正　平成27年5月29日法律第31号

（定義）
第9条　この法律で「労働者」とは、職業の種類を問わず、事業又は事務所（以下「事業」という。）に使用される者で、賃金を支払われる者をいう。

●労働者災害補償保険法

〔昭和22年4月7日〕
〔法　律　第　50　号〕

最終改正　平成27年5月7日法律第17号

（保険給付）
第7条　この法律による保険給付は、次に掲げる保険給付とする。
一　労働者の業務上の負傷、疾病、障害又は死亡（以下「業務災害」という。）に関する保険給付
二　労働者の通勤による負傷、疾病、障害又は死亡（以下「通勤災害」という。）に関する保険給付
三　二次健康診断等給付

●職業安定法施行規則

〔昭和22年12月29日〕
〔労 働 省 令 第 12 号〕

最終改正　平成27年4月1日厚生労働省令第78号

（法第4条に関する事項）
第4条　労働者を提供しこれを他人の指揮命令を受けて労働に従事させる者（労働者派遣事業の適正な運営の確保及び派遣労働者の保護等に関する法律（昭和60年法律第88号。次項において「労働者派遣法」という。）第2条第3号に規定する労働者派遣事業を行う者を除く。）は、たとえその契約の形式が請負契約であつても、次の各号の全てに該当する場合を除き、法第4条第6項の規定による労働者供給の事業を行う者とする。
一　作業の完成について事業主としての財政上及び法律上の全ての責任を負うものであること。
二　作業に従事する労働者を、指揮監督するものであること。
三　作業に従事する労働者に対し、使用者として法律に規定された全ての義務を負うものであること。
四　自ら提供する機械、設備、器材（業務上必要なる簡易な工具を除く。）若しくはその作業に必要な材料、資材を使用し又は企画若しくは専門的な技術若しくは専門的な経験を必要とする作業を行うものであつて、単に肉体的な労働力を提供するものでないこと。

●労働者派遣事業と請負により行われる事業との区分に関する基準を定める告示

〔昭和61年4月17日〕
〔労働省告示第37号〕

最終改正　平成24年9月27日厚生労働省告示第518号

　労働者派遣事業と請負により行われる事業との区分に関する基準を次のように定め、昭和61年7月1日から適用する。

第1条　この基準は、労働者派遣事業の適正な運営の確保及び派遣労働者の就業条件の整備等に関する法律労働者派遣事業の適正な運営の確保及び派遣労働者の保護等に関する法律（昭和60年法律第88号。以下「法」という。）の施行に伴い、法の適正な運用を確保するためには労働者派遣事業（法第2条第3号に規定する労働者派遣事業をいう。以下同じ。）に該当するか否かの判断を的確に行う必要があることにかんがみ鑑み、労働者派遣事業と請負により行われる事業との区分を明らかにすることを目的とする。

第2条　請負の形式による契約により行う業務に自己の雇用する労働者を従事させることを業として行う事業主であつても、当該事業主が当該業務の処理に関し次の各号のいずれにも該当する場合を除き、労働者派遣事業を行う事業主とする。

一　次のイ、ロ及びハのいずれにも該当することにより自己の雇用する労働者の労働力を自ら直接利用するものであること。

　イ　次のいずれにも該当することにより業務の遂行に関する指示その他の管理を自ら行うものであること。
　　(1)　労働者に対する業務の遂行方法に関する指示その他の管理を自ら行うこと。
　　(2)　労働者の業務の遂行に関する評価等に係る指示その他の管理を自ら行うこと。
　ロ　次のいずれにも該当することにより労働時間等に関する指示その他の管理を自ら行うものであること。
　　(1)　労働者の始業及び終業の時刻、休憩時間、休日、休暇等に関する指示その他の管理（これらの単なる把握を除く。）を自ら行うこと。
　　(2)　労働者の労働時間を延長する場合又は労働者を休日に労働させる場合における指示その他の管理（これらの場合における労働時間等の単なる把握を除く。）を自ら行うこと。
　ハ　次のいずれにも該当することにより企業における秩序の維持、確保等のための指示その他の管理を自ら行うものであること。
　　(1)　労働者の服務上の規律に関する事項についての指示その他の管理を自ら行うこと。
　　(2)　労働者の配置等の決定及び変更を自ら行うこと。

二　次のイ、ロ及びハのいずれにも該当することにより請負契約により請け負つた業務を自己の業務として当該契約の相手方から独立して処理するものであること。

　イ　業務の処理に要する資金につき、すべて自らの責任の下に調達し、かつ、支弁すること。
　ロ　業務の処理について、民法、商法その他の法律に規定された事業主としてのすべての責任を負うこと。

ハ 次のいずれかに該当するものであつて、単に肉体的な労働力を提供するものでないこと。
　(1) 自己の責任と負担で準備し、調達する機械、設備若しくは器材（業務上必要な簡易な工具を除く。）又は材料若しくは資材により、業務を処理すること。
　(2) 自ら行う企画又は自己の有する専門的な技術若しくは経験に基づいて、業務を処理すること。

第3条 前条各号のいずれにも該当する事業主であつても、それが法の規定に違反することを免れるため故意に偽装されたものであつて、その事業の真の目的が法第2条第1号に規定する労働者派遣を業として行うことにあるときは、労働者派遣事業を行う事業主であることを免れることができない。

●地方自治法

〔昭和22年4月17日〕
〔法律第 67 号〕

最終改正　平成27年6月26日法律第50号

〔議決事件〕

第96条　普通地方公共団体の議会は、次に掲げる事件を議決しなければならない。
一　条例を設け又は改廃すること。
二　予算を定めること。
三　決算を認定すること。
四　法律又はこれに基づく政令に規定するものを除くほか、地方税の賦課徴収又は分担金、使用料、加入金若しくは手数料の徴収に関すること。
五　その種類及び金額について政令で定める基準に従い条例で定める契約を締結すること。
六　条例で定める場合を除くほか、財産を交換し、出資の目的とし、若しくは支払手段として使用し、又は適正な対価なくしてこれを譲渡し、若しくは貸し付けること。
七　不動産を信託すること。
八　前二号に定めるものを除くほか、その種類及び金額について政令で定める基準に従い条例で定める財産の取得又は処分をすること。
九　負担付きの寄附又は贈与を受けること。
十　法律若しくはこれに基づく政令又は条例に特別の定めがある場合を除くほか、権利を放棄すること。
十一　条例で定める重要な公の施設につき条例で定める長期かつ独占的な利用をさせること。
十二　普通地方公共団体がその当事者である審査請求その他の不服申立て、訴えの提起（普通地方公共団体の行政庁の処分又は裁決（行政事件訴訟法第3条第2項に規定する処分又は同条第3項に規定する裁決をいう。以下この号、第105条の2、第192条及び第199条の3第3項において同じ。）に係る同法第11条第1項（同法第38条第1項（同法第43条第2項において準用する場合を含む。）又は同法第43条第1項において準用する場合を含む。）の規定による普通地方公共団体を被告とする訴訟（以下この号、第105条の2、第192条及び第199条の3第3項において「普通地方公共団体を被告とする訴訟」という。）に係るものを除く。）、和解（普通地方公共団体の行政庁の処分又は裁決に係る普通地方公共団体を被告とする訴訟に係るものを除く。）、あつせん、調停及び仲裁に関すること。
十三　法律上その義務に属する損害賠償の額を定めること。
十四　普通地方公共団体の区域内の公共的団体等の活動の総合調整に関すること。
十五　その他法律又はこれに基づく政令（これらに基づく条例を含む。）により議会の権限に属する事項
　②　前項に定めるものを除くほか、普通地方公共団体は、条例で普通地方公共団体に関する事件（法定受託事務に係るものにあつては、国の安全に関することその他の事由により議会の議決すべきものとすることが適当でないものとして政令で定めるものを除く。）につき議会の議決すべきものを定めることができる。

参考資料

●民法の一部を改正する法律案（平成27年3月31日第189回国会提出）新旧対照条文（請負契約部分のみ抜粋）

○民法（明治29年法律第89号）

（傍線部分は改正部分）

改　正　案	現　行
<u>（注文者が受ける利益の割合に応じた報酬）</u> <u>第634条　次に掲げる場合において、請負人が既にした仕事の結果のうち可分な部分の給付によって注文者が利益を受けるときは、その部分を仕事の完成とみなす。この場合において、請負人は、注文者が受ける利益の割合に応じて報酬を請求することができる。</u> <u>一　注文者の責めに帰することができない事由によって仕事を完成することができなくなったとき。</u> <u>二　請負が仕事の完成前に解除されたとき。</u>	（請負人の担保責任） 第634条　<u>仕事の目的物に瑕疵があるときは、注文者は、請負人に対し、相当の期間を定めて、その瑕疵の修補を請求することができる。ただし、瑕疵が重要でない場合において、その修補に過分の費用を要するときは、この限りでない。</u> 2　<u>注文者は、瑕疵の修補に代えて、又はその修補とともに、損害賠償の請求をすることができる。この場合においては、第533条の規定を準用する。</u>
第635条　<u>削除</u>	第635条　<u>仕事の目的物に瑕疵があり、そのために契約をした目的を達することができないときは、注文者は、契約の解除をすることができる。ただし、建物その他の土地の工作物については、この限りでない。</u>
<u>（請負人の担保責任の制限）</u> 第636条　<u>請負人が種類又は品質に関して契約の内容に適合しない仕事の目的物を注文者に引き渡したとき（その引渡しを要しない場合にあっては、仕事が終了した時に仕事の目的物が種類又は品質に関して契約の内容に適合しないとき）は、注文者は、注文者の供した材料の性質又は注文者の与えた指図によって生じた不適合を理由として、履行の追完の請求、報酬の減額の請求、損害賠償の請求及び契約の解除をすることができない。ただし、請負人がその材料又は指図が不適当であることを知りながら告げなかったときは、この限りでない。</u>	<u>（請負人の担保責任に関する規定の不適用）</u> 第636条　<u>前二条の規定は、仕事の目的物の瑕疵が注文者の供した材料の性質又は注文者の与えた指図によって生じたときは、適用しない。ただし、請負人がその材料又は指図が不適当であることを知りながら告げなかったときは、この限りでない。</u>

（目的物の種類又は品質に関する担保責任の期間の制限） 第637条　前条本文に規定する場合において、注文者がその不適合を知った時から1年以内にその旨を請負人に通知しないときは、注文者は、その不適合を理由として、履行の追完の請求、報酬の減額の請求、損害賠償の請求及び契約の解除をすることができない。 2　前項の規定は、仕事の目的物を注文者に引き渡した時（その引渡しを要しない場合にあっては、仕事が終了した時）において、請負人が同項の不適合を知り、又は重大な過失によって知らなかったときは、適用しない。	（請負人の担保責任の存続期間） 第637条　前三条の規定による瑕疵の修補又は損害賠償の請求及び契約の解除は、仕事の目的物を引き渡した時から1年以内にしなければならない。 2　仕事の目的物の引渡しを要しない場合には、前項の期間は、仕事が終了した時から起算する。
第638条から第640条まで　削除	第638条　建物その他の土地の工作物の請負人は、その工作物又は地盤の瑕疵について、引渡しの後5年間その担保の責任を負う。ただし、この期間は、石造、土造、れんが造、コンクリート造、金属造その他これらに類する構造の工作物については、10年とする。 2　工作物が前項の瑕疵によって滅失し、又は損傷したときは、注文者は、その滅失又は損傷の時から1年以内に、第634条の規定による権利を行使しなければならない。 （担保責任の存続期間の伸長） 第639条　第637条及び前条第1項の期間は、第167条の規定による消滅時効の期間内に限り、契約で伸長することができる。 （担保責任を負わない旨の特約） 第640条　請負人は、第634条又は第635条の規定による担保の責任を負わない旨の特約をしたときであっても、知りながら告げなかった事実については、その責任を免れることができない。
（注文者についての破産手続の開始による解除） 第642条　注文者が破産手続開始の決定を受けたときは、請負人又は破産管財人は、契約の解除をすることができる。ただし、請負人による契約の解除については、仕事を完成した後は、こ	（注文者についての破産手続の開始による解除） 第642条　注文者が破産手続開始の決定を受けたときは、請負人又は破産管財人は、契約の解除をすることができる。この場合において、請負人は、既にした仕事の報酬及びその中に含まれ

の限りでない。 2 前項に規定する場合において、請負人は、既にした仕事の報酬及びその中に含まれていない費用について、破産財団の配当に加入することができる。 3 第1項の場合には、契約の解除によって生じた損害の賠償は、破産管財人が契約の解除をした場合における請負人に限り、請求することができる。この場合において、請負人は、その損害賠償について、破産財団の配当に加入する。	ていない費用について、破産財団の配当に加入することができる。 （新設） 2 前項の場合には、契約の解除によって生じた損害の賠償は、破産管財人が契約の解除をした場合における請負人に限り、請求することができる。この場合において、請負人は、その損害賠償について、破産財団の配当に加入する。

建設業判例30選索引（項目順）

判決年月日	事件番号	裁判所	番号	事件の内容	頁
S61.4.25判	S56(ワ)12239号	東京地裁	A-1	マンション建設契約締結不成就の場合の損害賠償請求事件	2
H4.3.25判	S59(ワ)334号	静岡地裁沼津支部	A-2	市議会が否決した請負契約に関する損害賠償請求事件	5
H6.11.18判	H4(ワ)6077号	東京地裁	A-3	ゴルフ場開発行為許可申請及び設計業務委託契約に関する報酬請求事件	8
H14.4.24判	H13(ネ)3961号	東京高裁	A-4	都市計画道路の計画がある土地での建築確認申請に関する損害賠償請求控訴事件	11
H18.9.4②判	17(受)1016号	最高裁	A-5	大学研究所建物建築の準備作業を始めた下請予定業者からの損害賠償請求事件	14
H21.3.27②判	H19(受)1280号	最高裁	B-1	譲渡禁止特約に反して行われた工事代金債権譲渡について争われた供託金還付請求権帰属確認請求本訴、同反訴事件	18
H22.7.20③判	H21(受)309号	最高裁	B-2	熱電供給システムの製造及び設置に係る工事請負代金請求事件	21
H22.10.14①判	H21(受)976号	最高裁	B-3	いわゆる入金リンク条項が付けられた建設工事請負契約に係る請負代金請求事件	24
H23.12.16②判	H22(受)2324号	最高裁	B-4	建築基準法等の規定に適合しない建物に関する請負代金請求本訴、損害賠償請求反訴事件	27
H24.5.24判	H21(ワ)513号	静岡地裁	B-5	建設会社役員等の第三者に対する損害賠償請求事件	30
S46.2.25判	S44(ネ)77号	東京高裁	C-1	県道改良下請工事中断の場合の下請工事代金請求控訴事件	36
S52.2.22③判	S51(オ)611号	最高裁	C-2	注文者の責めにより完成不能になった冷暖房工事の請負代金請求事件	38
S52.12.23③判	S52(オ)583号	最高裁	C-3	自動車学校用地整地工事中断に関する土地所有権移転登記抹消登記手続請求事件	41
H8.10.15判	H7(ワ)383号	大津地裁	C-4	住宅団地の建築協定に関する適切な説明義務を怠った請負契約の解除に伴う損害賠償請求事件	44
S58.7.28判	S55(ネ)3088号	東京高裁	D-1	下請負人が建築した建物に関する下請工事代金請求控訴事件	48
H5.10.19③判	H1(オ)274号	最高裁	D-2	注文者から下請会社に対する建物明渡等請求事件	51
S57.4.28判	S51(ワ)9748号	東京地裁	E-1	完成後の瑕疵か又は未完成の建物かに関する請負代金請求事件	56
H3.6.14判	S63(ワ)12731号	東京地裁	E-2	車庫に瑕疵がある住宅に関する建築請負契約の損害賠償請求事件	59
H3.10.21判	H3(ネ)1540号	東京高裁	E-3	建築中の建物についての契約解除・土地明渡等請求控訴事件	62
H14.9.24③判	H14(受)605号	最高裁	E-4	重大な瑕疵がある建物の建替えに関する費用相当額の損害賠償請求事件	65
H15.10.10②判	H15(受)377号	最高裁	E-5	契約における約定に反した資材を使用した建物新築工事に関する請負代金請求事件	68
H18.4.14②判	H16(受)519号	最高裁	E-6	建物の瑕疵修補に代わる損害賠償請求等本訴、請負残代金の支払請求反訴事件	71
H19.7.6②判 H23.7.21①判	H17(受)702号 H21(受)1019号	最高裁	E-7	建物の瑕疵についての不法行為に基づく損害賠償請求事件	75
H9.2.27判	H7(ワ)2728号	東京地裁	F-1	公営住宅の建設工事請負契約に関する建設共同企業体の構成員に対する売掛代金請求事件	82
H14.2.13判	H12(ワ)14336号	東京地裁	F-2	物流センター工事建設共同企業体に関する下請業者からの請負工事代金請求事件	85
H21.1.20判	H18(ワ)22476号	東京地裁	G-1	官製談合に係る建設共同企業体構成員の損失分担金請求事件	90
S50.12.24判	S47(ワ)9760号	東京地裁	H-1	孫請負人従業員の過失による事故についての元請負人に対する損害賠償請求事件	94
S60.3.1判	S56(ワ)4378号	大阪地裁	H-2	下請負人従業員が受けた負傷事故についての下請負人及び元請負人に対する損害賠償請求事件	97
H19.6.28①判	H17(行ヒ)145号	最高裁	H-3	労働者災害補償保険給付不支給処分取消請求事件	100
H23.8.26判	H21(ワ)772号	さいたま地裁	H-4	塔屋上の煙突からの転落死事件に係る損害賠償請求事件	104

参考資料

建設業判例30選索引（年月順）

判決年月日	事件番号	裁判所	番号	事件の内容	頁
S46.2.25判	S44(ネ)77号	東京高裁	C-1	県道改良下請工事中断の場合の下請工事代金請求控訴事件	36
S50.12.24判	S47(ワ)9760号	東京地裁	H-1	孫請負人従業員の過失による事故についての元請負人に対する損害賠償請求事件	94
S52.2.22③判	S51(オ)611号	最高裁	C-2	注文者の責めにより完成不能になった冷暖房工事の請負代金請求事件	38
S52.12.23③判	S52(オ)583号	最高裁	C-3	自動車学校用地整地工事中断に関する土地所有権移転登記抹消登記手続請求事件	41
S57.4.28判	S51(ワ)9748号	東京地裁	E-1	完成後の瑕疵か又は未完成の建物かに関する請負代金請求事件	56
S58.7.28判	S55(ネ)3088号	東京高裁	D-1	下請負人が建築した建物に関する下請工事代金請求控訴事件	48
S60.3.1判	S56(ワ)4378号	大阪地裁	H-2	下請負人従業員が受けた負傷事故についての下請負人及び元請負人に対する損害賠償請求事件	97
S61.4.25判	S56(ワ)12239号	東京地裁	A-1	マンション建設契約締結不成就の場合の損害賠償請求事件	2
H3.6.14判	S63(ワ)12731号	東京地裁	E-2	車庫に瑕疵がある住宅に関する建築請負契約の損害賠償請求事件	59
H3.10.21判	H3(ネ)1540号	東京高裁	E-3	建築中の建物についての契約解除・土地明渡等請求控訴事件	62
H4.3.25判	S59(ワ)334号	静岡地裁沼津支部	A-2	市議会が否決した請負契約に関する損害賠償請求事件	5
H5.10.19③判	H1(オ)274号	最高裁	D-2	注文者から下請会社に対する建物明渡等請求事件	51
H6.11.18判	H4(ワ)6077号	東京地裁	A-3	ゴルフ場開発行為許可申請及び設計業務委託契約に関する報酬請求事件	8
H8.10.15判	H7(ワ)383号	大津地裁	C-4	住宅団地の建築協定に関する適切な説明義務を怠った請負契約の解除に伴う損害賠償請求事件	44
H9.2.27判	H7(ワ)2728号	東京地裁	F-1	公営住宅の建設工事請負契約に関する建設共同企業体の構成員に対する売掛代金請求事件	82
H14.2.13判	H12(ワ)14336号	東京地裁	F-2	物流センター工事建設共同企業体に関する下請業者からの請負工事代金請求事件	85
H14.4.24判	H13(ネ)3961号	東京高裁	A-4	都市計画道路の計画がある土地での建築確認申請に関する損害賠償請求控訴事件	11
H14.9.24③判	H14(受)605号	最高裁	E-4	重大な瑕疵がある建物の建替えに関する費用相当額の損害賠償請求事件	65
H15.10.10②判	H15(受)377号	最高裁	E-5	契約における約定に反した資材を使用した建物新築工事に関する請負代金請求事件	68
H18.4.14②判	H16(受)519号	最高裁	E-6	建物の瑕疵修補に代わる損害賠償等請求本訴、請負残代金の支払請求反訴事件	71
H18.9.4②判	17(受)1016号	最高裁	A-5	大学研究所建物建築の準備作業を始めた下請予定業者からの損害賠償請求事件	14
H19.6.28①判	H17(行ヒ)145号	最高裁	H-3	労働者災害補償保険給付不支給処分取消請求事件	100
H19.7.6②判 H23.7.21①判	H17(受)702号 H21(受)1019号	最高裁	E-7	建物の瑕疵についての不法行為に基づく損害賠償請求事件	75
H21.1.20判	H18(ワ)22476号	東京地裁	G-1	官製談合に係る建設共同企業体構成員の損失分担金請求事件	90
H21.3.27②判	H19(受)1280号	最高裁	B-1	譲渡禁止特約に反して行われた工事代金債権譲渡について争われた供託金還付請求権帰属確認請求本訴、同反訴事件	18
H22.7.20③判	H21(受)309号	最高裁	B-2	熱電供給システムの製造及び設置に係る工事請負代金請求事件	21
H22.10.14①判	H21(受)976号	最高裁	B-3	いわゆる入金リンク条項が付けられた建設工事請負契約に係る請負代金請求事件	24
H23.8.26判	H21(ワ)772号	さいたま地裁	H-4	塔屋上の煙突からの転落死事件に係る損害賠償請求事件	104
H23.12.16②判	H22(受)2324号	最高裁	B-4	建築基準法等の規定に適合しない建物に関する請負代金請求本訴、損害賠償請求反訴事件	27
H24.5.24判	H21(ワ)513号	静岡地裁	B-5	建設会社役員等の第三者に対する損害賠償請求事件	30

建設業判例30選索引（元下関係）

判決年月日	事件番号	裁判所	番号	事件の内容	頁
S46. 2. 25判	S44(ネ)77号	東京高裁	C−1	県道改良下請工事中断の場合の下請工事代金請求控訴事件	36
S50. 12. 24判	S47(ワ)9760号	東京地裁	H−1	孫請負人従業員の過失による事故についての元請負人に対する損害賠償請求事件	94
S52. 2. 22③判	S51(オ)611号	最高裁	C−2	注文者の責めにより完成不能になった冷暖房工事の請負代金請求事件	38
S58. 7. 28判	S55(ネ)3088号	東京高裁	D−1	下請負人が建築した建物に関する下請工事代金請求控訴事件	48
S60. 3. 1判	S56(ワ)4378号	大阪地裁	H−2	下請負人従業員が受けた負傷事故についての下請負人及び元請負人に対する損害賠償請求事件	97
H5. 10. 19③判	H1(オ)274号	最高裁	D−2	注文者から下請会社に対する建物明渡等請求事件	51
H9. 2. 27判	H7(ワ)2728号	東京地裁	F−1	公営住宅の建設工事請負契約に関する建設共同企業体の構成員に対する売掛代金請求事件	82
H14. 2. 13判	H12(ワ)14336号	東京地裁	F−2	物流センター工事建設共同企業体に関する下請業者からの請負工事代金請求事件	85
H18. 9. 4②判	17(受)1016号	最高裁	A−5	大学研究所建物建築の準備作業を始めた下請予定業者からの損害賠償請求事件	14
H19. 6. 28①判	H17(行ヒ)145号	最高裁	H−3	労働者災害補償保険給付不支給処分取消請求事件	100
H22. 7. 20③判	H21(受)309号	最高裁	B−2	熱電供給システムの製造及び設置に係る工事請負代金請求事件	21
H22. 10. 14①判	H21(受)976号	最高裁	B−3	いわゆる入金リンク条項が付けられた建設工事請負契約に係る請負代金請求事件	24
H23. 8. 26判	H21(ワ)772号	さいたま地裁	H−4	塔屋上の煙突からの転落死事件に係る損害賠償請求事件	104
H23. 12. 16②判	H22(受)2324号	最高裁	B−4	建築基準法等の規定に適合しない建物に関する請負代金請求本訴、損害賠償請求反訴事件	27

改訂版　建設業判例30選

2011年12月7日　第1版第1刷発行
2015年12月1日　第2版第1刷発行

編集発行　公益財団法人　建設業適正取引推進機構
　　　　　〒102-0076　東京都千代田区五番町12番地3
　　　　　　　　　　　　五番町YSビル3階
　　　　　電　　話　03(3239)5061
　　　　　ＦＡＸ　　03(3239)5063
　　　　　ＵＲＬ　　http://www.tekitori.or.jp/
　　　　　Ｅメール　mail@tekitori.or.jp

発売所　　株式会社 大成出版社
　　　　　〒156-0042　東京都世田谷区羽根木
　　　　　　　　　　　　　　　　　　1－7－11
　　　　　ＴＥＬ　　03(3321)4131（代）
　　　　　ＦＡＸ　　03(3325)1888

©2015　（公財）建設業適正取引推進機構　　印刷　信教印刷
　　　　落丁・乱丁はおとりかえいたします。

ISBN978-4-8028-3231-1